人生的觉醒

AWAKENED LIFE

蜕变人生工具书

黄德芳 著

北京日报出版社

图书在版编目（CIP）数据

人生的觉醒 / 黄德芳著 . -- 北京：北京日报出版
社，2025.7. -- ISBN 978-7-5477-5235-7

Ⅰ . B848.4-49

中国国家版本馆 CIP 数据核字第 2025L0U784 号

北京版权保护中心图书合同登记号：01-2025-2193

人生的觉醒

出版发行：北京日报出版社

地　　址：北京市东城区东单三条 8-16 号东方广场东配楼四层

邮　　编：100005

电　　话：发行部：（010）65255876

　　　　　总编室：（010）65252135

印　　刷：环球东方（北京）印务有限公司

经　　销：各地新华书店

版　　次：2025 年 7 月第 1 版

　　　　　2025 年 7 月第 1 次印刷

开　　本：710 毫米 × 1000 毫米　　1/16

印　　张：13.75

字　　数：184 千字

定　　价：52.00 元

人生的觉醒是一连串"生命螺旋上升"的旅程

黑幼龙·推荐序

当我准备为这本书写推荐文时，突然觉得，与其推荐这本书，不如推荐这本书的作者——黄德芳。人的一生会有很多巧遇，其中有些会成为关键性的转折点。我在 30 多年前遇到黄德芳，便是一个奇妙且重要的际遇，深刻影响了我们彼此的生命旅程。

1988 年 3 月 8 日，黄德芳走进耕莘文教院三楼的卡内基训练办公室，当时她参加了卡内基的公开说明会，随后代表《台湾时报》采访我，撰写专栏介绍卡内基训练的特色与发展愿景。

当时，卡内基训练在台北如火如荼地进行，甚至有来自南部的学员参加，那时并没有高铁，学员每周往返台北 14 次实属不便。因此，我萌生了在高雄设立一个培训中心的想法。在黄德芳的采访后，我便邀请她协助拓展卡内基训练在南部的市场。人生的奇妙就在于此，她当下欣然接受了这个邀请，从此开始了我们 30 多年同甘共苦的历程。这本书正是她将这 30 多年来的点滴心得与大家分享的见证，也是她履行使命的方式，因为她已积累了足够的资格来印证这些宝贵的价值。

接下来，我想举例说明为什么黄德芳能为这本书的内容做最好的见证。今年我已 85 岁，经历了无数的人生转折与挑战，也听过不少真诚而具体的赞赏。其中，有位老同事与黄德芳长期合作后，曾由衷地感叹道："卡内基训练简直是为黄德芳量身打造的！"这句话对我而言，既贴切又真实。

卡内基训练的几个关键特质——热忱、爱心、创意与联想——在黄德芳身上都展现得淋漓尽致。首先是热忱，这是卡内基训练讲师最重要的特质，而认识她的人都会同意，黄德芳充满无限的精力，以及永不熄灭的热情。这股热情无形中渗透在她的教学与生活中，并在这本书中自然流露。

其次是爱心，仅有教学技能并不足以带来学员的蜕变，关怀与仁慈是必不可少的元素。黄德芳对朋友、同事及周围的人都充满了真挚的关怀，这也是她撰写本书的重要动力之一。

创意与联想则是她的另一大优势。在过去的30多年里，她发起了许多公益活动，如为全台中学校长举办卡内基训练，以及"慢养教育"的企划与推广，这些都源自她丰富的联想力和创意。无论遇到多少挑战，黄德芳总是满怀热情，坚持不懈。

人的一生能否活得精彩、幸福，并且具有影响力和效能，取决于这三方面的结合：

兴趣，也就是能持续做自己感兴趣、全心投入、乐此不疲的事情；

能力，即能有机会发挥自己最擅长、得心应手的才能；

使命感，这是指一个人对某件事有深刻的召唤，认为这是他一生应该去做的，更是一件有意义且能影响他人的事。

有些人一生所做的事与兴趣、能力和使命毫无关联；有些人在这三者之间有部分结合，但可惜比例太少；而另一些人，他们一生都在做自己感兴趣、擅长且能对他人产生深远影响的事情，这样的人，真是有福气的。从这本书中，你会发现作者黄德芳正是这样的人。她充满福气，并带给周围的人同样的祝福。

黑幼龙／华文卡内基训练创办人

白崇亮·推荐序

德芳是我所认识的朋友中，十分特殊的一位。

她心中充满热情，不仅乐于助人，而且把助人当成一生的志业。遇见越是迷惘、受苦、经历挫折的人们，她就越能生发出想要帮助他们走出困境的动力。她的动力来自她的信仰，以及对人那份执着的爱。她的牧师形容她的话再确切不过："当别人都已经爱不下去的时候，德芳是那一个仍然能够继续去爱的人。"

这就回答了为什么这本《人生的觉醒》写到最后，她会说："我邀请你将'坚持去爱'和'传递爱'作为你一生的重要理念……为他人生命加值，共同打造一个614有意思充满爱的世界……你愿意加入我们，一起坚持去爱吗？"一个人生命中真正坚持的信念，就将成为他生命活出的最终样式。

德芳爱人却不止于一股热情，她是有理念、有专业、有方法、有步骤的。凭借着她人生上半场，用了25年时间在卡内基训练从事助人工作，再加上退休后10年的自我探索、国外研修和深度阅读，她领悟了"自助式人生"的释放与超越，发展出一系列突破性的思维模式与自助工具，并且付出实践，真真实实的帮助了许多卡在人生中场困境的人们。她在书中描述的每一个案例，读来都有血有肉、令人动容。

德芳曾经参加我的"乐于委身"读书会，经由那些深度分享的经验，我发现她确实人如其名 Wonderful，不断在她自己和周遭人的生命中创造 Wonder（奇迹）。用她书中的话来说，她是从人生四季里的冬藏出发，然后走向春耕、夏锄、秋收，用的是犹太人的螺旋式上升思考来看待一切经验。

她自己是如此走进了丰盛的人生中，也期盼这样的理念能鼓励人们都能走入丰盛之中。在这个充满混乱不安的不确定时代，我们的确需要这样一位作者，这样一本书，来为社会注入一股清泉，为人们带来光明的盼望。

深信本书将会成为每一位读者的祝福，是为序。

白崇亮／奥美营销传播集团前董事长

许芳·推荐序

以"自助式人生"重启生命下半场

谁的人生不迷茫？当我们经过前半生的追逐与积累，往往会在某一刻突然自问：这条路真是我想要的吗？那些曾让人安心的规划与认知，忙碌的付出与行动是否逐渐成了禁锢灵魂的枷锁？迷茫是觉醒的讯号，觉醒源自觉知。人生如四季，总有需要停驻中场、重新整装的时刻。黄德芳女士的《人生的觉醒》，便是一本献给所有中场觉醒者的指南。这本书不只谈转身突破，更是一套可启迪心智可实践的"人生导航系统"。

人如其名："世德流芳远，身兼五福全"。德芳老师以其美好的德行，止于至善的初心，以及在职场多年的历练与积累成就此书。与德芳老师相识多年，我深知她作为台湾卡内基资深副总的专业底蕴，更敬佩她敢于打破职涯舒适圈的勇气。书中提出的"614人生导航工具"，凝结了她35年培训经验与自我探索的智慧结晶。当多数职场著作仍在教人如何达成社会定义的成功，她已将视角拉升至更本质的追问——什么样的活法能让个体价值与生命意义共鸣？

特别启发我的是"跟团式人生"与"自助式人生"的对比。这让我想起早年带领团队转型时常遇见的两种人：一种是僵守既定规则与流程，而忘却了有价值的交付，将安全感寄托于他人铺设的轨道；另一种是敢于应时而变，在未知中开辟新路，即便跌倒也能将"踩坑"化为指引他人的路标。书中"人生大数据"的思维，恰似一面诚实的镜子，教会我们接纳过去的挫败，将其转化为独特的人生资本。这与斯坦福大学强调的"设计思维"异曲同工——人生不是单行道,而是可迭代的原型。

更难得的是,德芳老师能将抽象的理念转译为可应用的工具。从"四季思维"节奏感的建立,到"贵人树"关系网络的经营,每一步都展现出教练式引导的精髓:不给标准答案,而是激发个体的自主性与潜能。这种"授人以渔"的智慧,正是中场转型者最需要的支持——毕竟,真正的突破永远始发于内驱力。

推荐此书给所有在人生中场按下暂停键的探寻者。如果你已厌倦被动接受他人定义的剧本,渴望将下半场活成独一无二的"三意人生"(有意思、有意义、有意象),这本书将是最温柔而坚定的同行者。正如德芳在书中所言,迷惘不是终点,而是觉醒的讯号。觉醒的人生,不是没有困苦,而是能够在欢声笑语中穿越人生中的激流险滩。愿《人生的觉醒》能帮助你我醒觉地活在此刻:倾听内在的声音,重启人生下半场,让它成为真正属于自己的壮游。

许芳/TCL 集团前副总裁

崔璀·推荐序

> 人生的中场，是生命赐予我们的礼物。

——崔璀

我们这代人的困顿向来声势浩大却又寂静无声。我们这代人，前半生被时代的浪潮推着向前奔跑，"三十而立"的钢印深烙在基因里。可当真正跑到人生中场，忽然发现 GPS 失灵，导航仪上跳动着刺眼的"重新规划路线"。这种集体性迷茫，在某个下午茶时分，在某个堵车的黄昏，像潮水漫过每个人的脚踝。

黄老师的《人生的觉醒》，恰似暗夜航船望见的灯塔。当我翻开书稿，扑面而来的不是老生常谈的"断舍离"，也不是悬浮于云端的"诗与远方"，而是一位经历过真实人生战役的将领，将战略地图细细展开的笃定。

中场不是下坡路的开端，而是真正属于自己的人生开始，这个观念让我心头震颤。何其有幸，我们正站在人类历史上首个"百岁人生"的时代门槛前。过去被定义为"衰老起点"的四十岁，放在百年生命维度里，分明是朝阳初升的清晨六点十四分——这是黄老师独创的"614 人生模型"最精妙处：把传统的中年危机，重新校准为晨光熹微的新起点。

作为投资过数十个女性创业项目的投资人，我看到太多人在人生中场突然觉醒：律所合伙人辞职做糕点师，投行高管转型自然教育，上市公司 CFO 在洱海边开起民宿。这些看似任性的转身，实则是自我意识经过二十年职场淬炼后，终于破茧而出的必然。黄老师用二十个实操工具，将这种"必然"拆解为可复制的人生算法，让觉醒不再依赖偶然的顿悟。

书中关于"人生资产负债表"的论述尤其精辟。当我们习惯用 KPI 丈量人生，黄老师提醒我们："真正珍贵的资产，是那些能让你眼睛发亮的瞬间。"这种价值重估，不亚于一次认知革命。就像我在优势星球常说的：人生下半场，比拼的不是补齐短板，而是把长板锻造得光芒万丈。

我特别想将这本书推荐给两类人：一类是仍在职场金字塔奋力攀爬的"永动机"，希望你们在翻阅"自助式人生设计图"时，能听见内心真正的声音；另一类是在全职妈妈身份中进退维谷的女性，这本书会给你们意想不到的启示。

此刻窗外的梧桐树正在落叶，但我知道地底的根系正在积蓄能量。这本书最动人的力量，在于它让我们看清：中年的彷徨不是衰败的前奏，而是生命在提醒我们切换赛道。当旧剧本落幕，聚光灯其实正打在你亲手写就的新篇章上。

人生这场马拉松，跑到中场时最珍贵的礼物，是我们终于有机会脱下别人的跑鞋，用自己的节奏，奔向真正想要抵达的远方。这或许就是阅读本书最大的意义——在晨光初现的六点十四分，我们不再慌张，因为此刻捧着的，是专属自己的人生剧本。

崔璀 / 优势星球发起人、Momself 创始人

作者 · 自序

觉醒与心见

人生的觉醒是一连串"生命螺旋上升"的旅程。

2025 年 4 月，我到深圳出差回上海，飞机即将起飞前，才惊觉过关检查行李时，忘记带走卡内基邓总赠送的新会黄金陈皮。我一路懊恼与自责，为何会忘记带走？于是，赶紧联系机场失物招领处。终于，礼盒辗转回到我身边，这件事让我有了对人生的觉醒……

我为什么会粗心大意到遗失珍贵礼盒？因为没有好好活在当下——我在安检后习惯只带着熟悉的随身物品离开，心思意念被手机信息或待办事项缠住，飘到既要、又要、还要的另一个时空，我的心没看见那珍贵的礼物。

失物招领处需要核实我的身份，描述清楚遗失物件的颜色与品牌，在这些流程都被确认后，我最终顺利找回属于自己的东西。还好，丢失的礼盒很容易描述清楚，但是，如果遗失的是人生方向，我们该如何描述自己丢失的是什么？我们到底想要什么？如何再次确认我是谁？这些蛛丝马迹需要我们去明白人生的意义，清醒面对自己，并且更多省察自己的终极人生目标。

我是一位对人很感兴趣且乐于助人的人，保持着热情坚持去爱人。我做卡内基教育的资深讲师有 35 年，并且取得职业生涯顾问和生命教练的证书。我一直保持终生学习的习惯，也在全球组建"中场教练"团队，给更多中青年赋能，一起迎向有意思、有意义、有意象的三意人生。

在探索人生意义的过程中，许多人会思索，到底是目的地更重要，还是旅程或旅伴更重要。我相信，不同人想要的不同人生蓝图，会影响到这三个要素的优先次序。

人生想要觉醒，可以先带上"自助式人生"的主导体验精神，从"614（谐音有意思）人生导航工具"出发。从犹太人的冬藏思维中，看见大自然中四季的节奏，在每天的工作和生活中，活在当下。就像王阳明先生提到的，"高山万仞，只登一步"，不管多么远大或艰难的目标，都要带着良知与初心一步步向前走。在奋斗的路上，除了花时间在职场上，还需要兼顾家庭、朋友关系及利他的信仰使命，才能拥有不被偷走的幸福与平安。

AI 的背后需要亿万个大数据支撑。面对复杂挑战的我们，也需要拥有自己的"人生大数据"，以便觉察自己的来时路。从上天视角往下看，我的三维人生坐标，哪里是高点、低点、关键点或盲点呢？这些起伏变化都与"八福循环"的哪些领域有关呢？这都是此刻需要调整的功课。

再将人生大数据向左旋转 90 度，就能很清晰地看见过去（时间）造就的大大小小的成功或失败、挫折，就像不断螺旋上升的时钟，我们生命的积累，就像是不断扩大开放的圆圈。不要气馁！你不是一直在转圈，这就是犹太人教育子女的重要哲理——生命是不断螺旋上升的！

"你的人生我在乎！"请带着这套有意思的人生工具，开启你的觉醒人生。聚焦前方的北极星，你的"三意人生旅程"即将启航！

目录 Contents

Part3　六种工具篇

旅程篇

开启 614 有意思的自助式人生

　　人生就像一场旅行，每一个选择都决定了旅途的方向。

　　有些人认为，人生旅程不必在乎终点，重要的是沿途美丽的风景和每一次的相遇；也有人认为，人生应该设立目标，勇往直前，不留遗憾；更有人觉得，人生苦短，应当及时行乐，瞬间即是永恒，打卡拍照最重要！

　　那么，你会希望你的人生和职场生涯是哪一种旅程呢？

　　其实，无论是人生旅程还是职场生涯，都有多种模式可供选择。以旅游为例，最普遍的模式是"跟团式"和"自助式"。

　　有些人选择"跟团式"人生，这种人生就像一个旅游套餐，路线和计划都是由他人预先设计好的，也是世界上较为主流的选择。跟团式人生的优点在于不需要花太多心思去计划，只需按照既定的安排走就行了。这样可以减少决策的压力和风险，让人感到轻松和安全。缺点在于缺乏自主性和创造性，人生道路可能会受限于他人的设计，难以充分展现个人的潜力和特色。

相比之下，有些人选择挑战较大的"自助式"人生（Self-guided life），这种人生就像是一场探险，可以走入秘境，发现未知的风景。这趟旅程虽然相当不容易，却也最能在挑战中看到自我生命的意义和价值。

人生最好的时刻就是当下

今年春节，迈入 60 岁的我和年过 70 的老友陈真，计划自助式旅行，自驾完成意大利壮游。

30 年前，我们曾去过几个意大利知名景点，但当年采取的是跟团式旅行，仅限于走马看花。30 年后，虽然时光荏苒，我们的出游心情依旧不变。像孩子一样，我们兴奋地规划着 8 个月后的壮游行程。

正当我们敲定日期时，陈真来讯告知，由于某些原因，她 9 月无法出行。突如其来的变化使我沮丧，我只能带着失望的心情安慰她说："没关系，我们明年再来安排吧！"当时，我以为放弃是最好的安慰。

然而，陈真却坚定地回复我："我今年 75 岁，若再晚一年去欧洲自助式旅行，体力就更差了，也许这是我最后一次去意大利。"

听了陈真的话，我才惊觉到，这不仅是一场冒险之旅，更是我们人生下半场对生命意义的追求。我也不想遗憾终生！

"干脆提前旅行吧！"于是我们立即调整心态，放下对完美、理想计划的执念。心念一转，我们发现这是上天赐予我们的礼物。我是黄德芳，谐音"Wonderful"，意为"奇妙"。如果我能与陈真同游，岂不就是一场

"Wonderful 奇妙成真之旅"吗？太有意思了！

我们将 9 月的旅程提前到 4 月。原本还有 7 个月可以规划，如今仅剩不到两个月。人生和职场总是充满变量，但焦虑和紧张无法帮助我们前进，唯有放下心中的杂音，才能继续往前走。

自助式旅行 VS 自助式人生

自助式旅行与跟团式旅行有着巨大的差异。这次我们的旅行时间较长、行程挑战性高，而且只有不到两个月的准备时间。包括机票、住宿、景点预约和停留时间等，都需要提前安排。此外，我还得充当司机，想到要在语言不通、容易迷路且不易停车的山城开车，面对吃罚单、扒手和抢劫的风险，雄心壮志之余也不免胆战心惊。这份未知的恐惧甚至使我们一度退却，怀疑是否太天真，内心充满负面杂音。

"我们真的做得到吗？""要面对复杂的事情太多，好累"……也有人问我们："为什么不干脆找个旅行团？"

我审慎地问自己："两个平均年龄可以拿敬老卡的冻龄美女，冒着这么大的风险壮游意大利，究竟期待什么？"

无论是深度壮游，还是面对人生问题或职场挑战，都总会带来很多内心的杂音和负面声音。关键在于如何将这些意念调整为正向思维。如果抱着负面声音前行，只会带来无谓的恐惧和内耗。

虽然有些人认为风险管理是"先想好最坏的情况，就算遇到也不会害怕"。但大多数人往往在遭遇人生风浪前，先被自己吓坏，踌躇不前。

当生命引领我们必须面对变化和挑战时，需要积极地前行，而不是在风险前原地踏步。在进行职场风险管理或面对生命风暴时，更需要启动积极的导航工具，让我们不至于陷入焦虑和迷惘，而能平静安稳地前行。

"不要害怕！夺回人生的主导权吧！"

于是，我们两位冻龄美女下定决心，抛开心中的负面声音，来一场夺回主导权的自助式壮游。

自助式人生目的地、旅程、旅伴哪个最重要？（摄于意大利托斯卡那丘陵地区）

启动自助式人生　迎向下一个 10 年

当我们千辛万苦来到罗马的梵蒂冈西斯廷教堂，仰望天顶上米开朗琪罗的《创造亚当》壁画，似乎能感受到上帝通过手指，将生命之火传递给亚当，期望他成为有灵的活人，可以在爱中治理世界。

我不禁思考着，当人类的发展进程迈向 AI 人工智能的时代后，是人类控制科技，还是科技反控制人类？

美国学者 Jamais Cascio 提出我们正活在一个 BANI 时代（Brittle，脆弱/Anxious，焦虑/Nonlinear，非线性/Incomprehensible，难以理解）。这个时代充满了焦虑的因子，如后疫情时代的经济、通货膨胀、国际局势、全球变暖、极端气候、人工智能大爆发等。这么多的变动和转折，我们该如何因应这些时代变迁所带来的焦虑，勇敢迎向浪头，开创下一个黄金10年？

人生本就是一场不断探索之旅。只是大部分的人选择了跟团式人生，日复一日，追随公司大方向、社会价值观和潮流，努力工作、赚钱、生存、养家，以为这样可以过上心满意足的生活。然而，世界的飞速变化已经远远超过我们的想象，按他人计划安排的人生已不再适用于现代。

那么，什么是我们能掌握的？什么是恒久不变、可以指引我们前行的呢？世界的巨变似乎更激发人们追寻不变的真理。我们仍旧渴望爱、自由、幸福和友谊……当一切都不可靠时，才知道什么是可靠的。

对许多人而言，人生上半场就像是跟团，跟团一起走时，不容易出错，以工作为重心安排生活节奏即可。然而，当我们步入人生中场后，开始把重心放到自己身上时，都得扪心自问："我的人生下半场想要什么？什么才是在变动中永恒不变的真理？"

我相信读到这本书的你，正是一个懂得反思生命、愿意改变，并渴望开创属于自己的黄金10年的人。比尔·盖茨说："人们常常高估了他们一年能做到的事情，却低估了10年能达到的成就。"卡住我们的常常是心态，而不是方法技巧。只要愿意尝试，永远都有机会，现在就是开始的最佳时机。

这就是我写这本书的初衷。我会把在中场新起点加上卡内基训练30年所积累的有效工具，所经历的丰富旅程传授给大家，让我们带着"614人生导航工具"，不畏前方风浪，勇敢前行。

自助式人生——带上 614 有意思人生导航工具

我在卡内基担任高管 25 年及资深讲师 30 多年，并自创中场新起点，担任职涯生命教练已近 5 年，陪伴数千位学生走出迷惘困境。我发现面对快速变迁的职场环境，人们的焦虑与迷惘指数不断攀升。每个人都需要走上一段从"体验"到"反思"再到"蜕变"的旅程。

第二次机会

自助式旅行就像人生常常会遇见不期而遇的突发事项。例如天气 / 导航带我们走错路导致迷路，当时看似浪费时间，回想起来迷路看到了旅程中最美的风景，就像那次的托斯卡那丘陵地区的旅程。那天一大早，我们前往最受欢迎城市皮恩札 Pienza，出现暴风雨，全身淋湿后，只能在雨中看着雾蒙蒙的最美城市说再见。回程途中有一小段迷路，风景很迷人，我们赶紧回到民宿换装后，中午再度出游。看着太阳映照在河谷，我选择给自己第二次机会，再度回到迷人的城市皮恩札，也再度迷路，不同天气，同样的旅途，一切都是焕然一新，成为旅行中的重要体验。面对人生，我们不要因为一次错误而气馁，换个方式给自己第二次机会，也会拥有不同的人生体验！

"中场 Mid Way"是重启人生的计划起点，这段旅程称为"自助式人生"。人生的意义不是做多少事，而是主动做了多少事！只要带着"614 有意思"的心态和工具，就能有效地开创属于自己的美好新旅程。

我希望借着这本书分享"614 人生导航工具"，让它不仅成为我们自助式人生旅途的工具，也能为我们职场生涯带来多产、倍增的祝福！

以下介绍什么是"614 人生导航工具"。

6 种有意思的找到自己生命定位的解惑工具

工具一：认识自我 GPS

在我们的内心深处隐藏着一个优势罗盘，它等待着被我们发现、使用。这个章节不仅引导我们如何使用专业测评工具，更如一把帮助我们打开创意之门的钥匙，揭示我们与生俱来的人格优势、价值观和潜藏的天赋。当我们找到这把属于自己的钥匙，世界将在我们面前展开，我们将成为更好的自己。

工具二：八福循环

我们都盼望人生的每一个领域都能走向幸福成功。八福循环，正是一个通往幸福人生的秘密法则，引导我们在忙碌的生活中找到属于自己的平衡点。这不仅是关于外在物质的成功，更是帮助我们回应内心深处最纯粹的渴求，活出全面丰盛的人生。

工具三：人生大数据

在你的生命轨迹中，是否有一些无法解释的模式一再发生？这些模式或许隐藏着生命密码。摩根·豪瑟（Morgan Housel）曾说，要在变幻莫测的世界中找到稳定，必须回溯历史。通过"人生大数据"工具，我们将解开这些密码，并书写出属于自己的人生方程式，让未来变得更加清晰且可掌握。

工具四：八福贵人树

在生命旅程中，某些人只是匆匆过客，但另一些人却像天使，出现在我们最需要的时刻。这本书将揭示如何辨别与感恩这些生命中的贵人，学习栽种"贵人树"，编织"贵人网"，让这些生命中的人际宝藏，成为我们前进的力量，帮助我们突破职场的瓶颈，更快实现目标与愿景。

工具五：ABC 解惑方程式

我们的人生是否曾经在生命的岔路口迷失，无法找到出路？本书提供的不只是方向，更是通往心灵深处的导航系统。运用 ABC 解惑方程式，让我们在人生旅途中不再徘徊，无论面临什么样的困境和拦阻，除了运用本书的各式工具梳理人生、找寻生命轨迹外，还可以通过一对一的教练对话，解开生命盲点，厘清思维困惑，跳脱信念僵局，清晰且自信地走向未来。

工具六：生命螺旋上升力

当我们解锁了这些工具，生命将进入崭新的维度，螺旋式地向上攀升。这个阶段将帮助我们遇见一个更远大的使命宣言蓝图，我们将看到前方那片未知的广阔天地，感受前所未有的使命感。本书将点亮这条通往未来的道路，帮助我们找到下一个 10 年、20 年，隐藏在时间长河中的终极目标。

1 种坚持，永不改变的真理

在这个瞬息万变的世界里，是否有什么是永远不会改变的？有一种力量，深藏于我们心底，无论外界如何变幻，它始终不曾动摇——那就是爱。我深信这不仅仅是一种情感，更是一种穿越时空的力量，将我们与无数的过去和未来联结在一起。某种意义上讲，爱也是我们唯一和 AI 有本质区别的特征，当未来 AI 可以高效处理一切事物的时候，人与人之间唯一有温度的联结，那就是爱。这本书将带着我们探寻这股力量的真谛，并引导我们让"坚持去爱"成为生命中最亮的那颗星，照亮人生的每一段旅程。

4 种"冬春夏秋"大自然周期的思维智慧

我们常常急于掌控一切，渴望立刻得到心中想要的东西，但是人能改变季节的变换吗？生命如同四季，有它自己的节奏与循环。每个季节都有它的意义和使命，需要我们学习以不同的心态和策略来应对。"冬春夏秋"这四种思维循环，犹如隐藏在自然中的智慧之书，引导我们顺应天地规律，觉察自己身处的季节，并在适当的时机播种、耕耘、除草、施肥，最终迎来丰收的果实。这生命之道的深刻体悟，帮助我们在每一个阶段都能从容自若，活出丰盛人生。

这就是我所依循的"614 人生导航工具"实用原则，希望能通过自身经验及学员成功案例分享，成为陪伴读者的人生指南工具书。

本书附录中提供的"21 天自助式体验人生手账"，不仅能给我们的思维带来正面影响，还能通过实用工具帮助读者将这些原则转化为生活中的实际行动。

现在就让我们开始这趟精彩的旅程吧！

第 1 章

酝酿 25 年的人生上半场

如果人生是一趟旅程，你期待的是精彩非凡、绚丽璀璨的旅程时刻，还是追寻生命意义，为世界留下永恒价值的旅程目的？无论是哪一种选择，凡走过必留下痕迹，人生上半场所走过的路，将开启有意思、有意义、有意象的人生下半场。

第一次跟随内心声音，展开精彩卡内基之旅

我想先谈谈我的人生上半场——精彩非凡的 25 年卡内基之旅。这段在卡内基担任讲师的助人经验，深深影响了我人生下半场的抉择，就是陪伴迷航中的年轻人，引导他们一步一步找到属于自己的北极星。

1987 年 12 月，卡内基训练中心正式在台湾成立。隔年 3 月 8 日，我偶然在台北耕莘文教院看到一场卡内基训练活动。我带着好奇的心情参加了这场说明会，突然内心有一个声音告诉我："有一天你会成为卡内基讲师！"当时正逢我艺专毕业在台北工作一段时间，预备回高雄谋职，我把这份感动放在心中。

回到高雄后，我进入《台湾时报》工作。很奇妙地，我的第一个专题报道就是："卡内基如何带动职场天蚕变。"我如愿以偿地专访了卡内基负责人黑幼龙先生。专访刊登后，他主动邀请跟我会面。我抱着忐忑不安的心赴约，原来幼龙先生以他的识人智慧及敏感度，发现我有成为卡内基训

练讲师的潜力。这真的是影响我一生的重要会谈，于是我便加入了卡内基团队，开启了这段精彩的人生旅程。

社会新鲜人，全靠助人热忱闯江湖

当我 25 岁加入卡内基时，主要靠的就是那份天真与助人的热情。有一位来自中钢集团的学员在上过课后，非常肯定卡内基的培训成效，于是主动带着我去拜访当时的中钢集团副总程一麟博士。

程一麟博士在美国听说过卡内基训练，也看过《人性的弱点》（也称为《沟通与人际关系》）一书，于是他排除万难，多次说服总经理，最终成功开办了中钢与子公司集团高阶主管班。出乎意料的是，开班后成效显著，许多老板及高阶主管口碑相传，纷纷慕名而来。随后，中油也开始开班，卡内基在南部迅速打响名号，甚至影响了经济部国营企业的内训开班。

刚出社会的我，就成为南部卡内基的主要推手，黑幼龙先生带领台湾团队于 1992 年获得全球业绩第一名，一直保持至今，我真是以这个卓越优质团队为荣。

在卡内基的岁月里，我与身边积极正向、乐于学习的企业家和各行各业精英们相处，几乎每天 24 小时都沉浸在快乐做业务推广和享受教学中，乐此不疲，能活在生命的心流①中，可以助人及成就自我事业，让我感到非常满足与幸福。

---

① 心流理论（Flow Theory），是由匈牙利裔美国心理学家米哈里·契克森米哈伊（Mihaly Csikszentmihalyi）所提出的心理学概念。描述当人完全沉浸（专注）和完全投入于活动本身的心智的振奋状态，能够从常人无法忍受的事情上获得乐趣，对正向心理学有十分大的影响。

课堂里的转变奇迹

在卡内基的课堂上，无数学员经历了不可思议的转变，不仅找回了自信，还改变了自身命运。这些奇迹般的故事，见证了卡内基训练在职场和生活上的深远影响。

其中一位有学员叫方银灿，是一个非常老实内向的人，平日在工厂里担任领班。每当需要上台讲话时，他总是紧张得发抖。为了改变这种情况，他决定参加卡内基课程，希望能提升自己的沟通能力和自信心。

起初，方银灿在课堂上脸部经常不自觉地颤抖，显得十分紧张，但他并未气馁，坚持不懈地参加卡内基各种课程、勤加练习。有一次在课堂后的闲聊，方银灿谈起了他的梦想。他告诉我，希望有一天能挑战在100多人面前演讲。听到这个愿望，我内心充满了感动和敬佩。我知道这对他来说是一个巨大的挑战与成长机会，同时也看到了他对自我突破的强烈渴望。

为了帮助方银灿实现梦想，我开始留意各种机会。终于，我为他安排了一场公开演讲，现场听众超过100人。当我告诉方银灿这个消息时，他的眼中闪烁着兴奋与紧张交织的光芒。虽然感到有些不安，但他眼神坚定地告诉我："没问题，我会认真准备，把握这次难得的机会。"

演讲当天，方银灿面对着台下100多双期待的眼睛，虽然一开始声音有些颤抖，但随着演讲进行，他逐渐找到了节奏与信心，语调也变得坚定有力。当演讲结束时，全场响起了热烈掌声。他不仅实现了自己的梦想，更克服了内心不安，又跨过一次恐惧的坎。

方银灿为了不断提升自己的沟通技巧和领导力，总共上了几百堂课，所以被卡内基学员昵称为超资深学长。上卡内基几年后，他不再只是工厂的领班，已成为龙庆钢铁的业务副总，每年为公司带来几亿台币的营业额，这是我带的第一班卡内基学生，我真是以他为荣。

在人生的上半场，我很喜欢用卡内基精神与原则来帮助人，不论是各种家庭或职场问题，每一次都能因着信任与爱迎刃而解。每当看到学员们因为卡内基课程而变得更加自信、家庭变得和谐、紧张的亲子关系得以和解、职场上取得更大的成就时，我都感到无比的欣慰和满足。由于我天生有助人的使命感，当时的我相信自己在卡内基这份助人的工作中可以做到退休。

卡内基走进教育界、进军大陆

台湾卡内基训练中心成立 10 周年之后，我前往英国深造，得到了老板的大力支持。学成归国后，我负责台北的业务营销工作。

记得当时在耕莘文教院一楼，我看到一份校园刊物，头条标题是："要改变学生，先要改变老师；要改变老师，先要改变校长。"于是在卡内基训练中心成立 15 周年之际，我跟老板大胆建议跟教育主管部门合作，以项目推动全台湾卡内基校长班和主任班，期望能够将卡内基有效沟通人际方式融入校园，让校长与老师增进彼此沟通与信任，也将正向积极沟通模式融入师生关系及家长互动。幸运的是，这个教育项目好像一粒小种子，不断在校园中发芽长成大树，也是我很有成就感的一件事。

2004 年，卡内基有幸和宏达基金会合作，推动"磐石教育计划"，联结全国各地有相同理念的校园，进行沟通领导力培训，让全台从教育主管部门到校园真正动起来。2004 年至 2023 年，共有 38540 名校长和老师参加了培训。

其间，宏达基金会董事长卓火土先生更是亲力亲为落实"磐石教育计划"，宏达基金会执行长黄素云和卢克文也全力投入，在全台推动卡内基校长班和主任班。

有一次，我和卓火土、陈美真三人大清早开车从花莲玉里到台东长滨小学办卡内基课程。现场的校长和老师都排除万难来上课，有人甚至抱着婴儿来上课。卓火土先生热心地说："我负责抱小孩，你们认真学习！"他不但赞助偏乡学校来上课，还愿意放下身段谦卑带小孩，全心投入，希望每位参与者都可以从中获益，在场所有人也都被这精神感动。我们一起到偏乡上课的日子，也成为我最值得回忆的美好时光。

有过这段经历，我坚信以卡内基理念深耕教育是非常值得的投资，特别是亲子品格教育这块仍然是当时华人父母最关切的议题，于是就在我植梦创业失败重回卡内基全职后，建议将黑幼龙夫妇教育出4个常春藤名校孩子的教育理念发扬光大。我跟大好书屋总编辑胡芳芳策划了《慢养：给孩子一个好性格》一书，倡导慢养教育和黑家的亲子幸福秘诀，引起父母们强烈共鸣。

通过"慢养"两代人温馨真实的亲子故事，帮助许多家庭找回"家"的生命力，帮助父母以耐心、尊重和支持的理念，养育出健康、乐观积极的优秀孩子。自此之后，卡内基在海峡两岸掀起慢养教育的热潮，也带动了中国青少年市场快速扩展，而《慢养》一书在大陆销售就超过20万本。

随着卡内基进入大陆，我也被派往大陆协助市场开发，扩大卡内基的知名度和影响力。2009年1月，黑幼龙先生受邀参与中信出版社在鸟巢举行卡内基系列丛书新版发表会，当他在台上演讲时，我看见坐在旁边的财经作家吴晓波先生非常专注地聆听及回应。我主动与吴晓波联系，后来当他们一群企业家参访台湾时，黑幼龙先生热情款待，接着换黑幼龙先生来到杭州扩展卡内基市场时，吴晓波也慷慨积极牵线，邀请杭州各大媒体聚集，大力报道卡内基的好品牌形象。

不久后我策划推出了青少年"一日口才班"公益活动。这个活动取得了惊人的成效及回响，媒体报道发表后，连带也促成我国长三角地区家长争相为孩子报名青少年情商课的热潮，以提升孩子的人际沟通能力和强化其自信心。同时也促进了卡内基市场从企业内训、高管训练到个人、家长及青少年各领域多元的开展。感谢黑幼龙与立言父子常给我支持与发挥的机会，使我觉得这份工作有意思也很有意义。

与老板黑幼龙巧妙合作推广卡内基，由我担任主持人

黑幼龙先生展现沟通大师的风范，我带领全员开心合影

　　2011 年在杭州，我遇到了一位充满激情的青少年，他刚参加了卡内基的第一堂课，兴奋地分享了自己未来想成为一名导演的梦想。看着他在训练中逐渐找回自信，不再为过去的成绩所束缚，我深感欣慰。他的表现深深吸引了同学们：坚定自信，真诚待人，勇于创新，幽默风趣，并拥有独

特的见解。

不久后，他在面试英国高中的时候，以满分的成绩顺利通过，开始了他的留学之旅。更让我感动的是，他还邀请了他的母亲和外婆一起参加卡内基的训练，成为三代同堂的"卡友"。有一次，他从英国回来看我，我也分享了自己想制作家族传家宝纪录片的理想，他立刻回家着手制作一部关于太婆的故事，展现了他对影视制作的天赋。

后来，他创立了"影视飓风"，并迅速积累了千万粉丝。2015年，他在网络平台发布了他的第一部视频作品，正式踏入自媒体行业。2017年，他回国创办了自己的工作室，专注于制作影视和科技内容。截至2024年12月9日，他在哔哩哔哩的"影视飓风"账号的粉丝数已突破两千万。他还曾为B站、守望先锋联赛、英雄联盟、OPPO、NOMO等品牌拍摄商业广告和Vlog相关内容。他就是年轻有为的潘天鸿（Tim）。

陪伴年轻人一段时间，见证他们的成长与成就，真是我最大的成就。

第二次跟随内心声音

2012年是全球卡内基训练中心成立100周年，同时是我在卡内基工作了整整25年，并且刚好49岁，预备进入50岁的一年。这一天，上海18家媒体和电视台齐聚一堂，报道了卡内基百年盛事，并特别强调由黑幼龙父子领导的卡内基团队在过去20多年业绩始终保持世界第一的殊荣，对海峡两岸企业和亲子家庭的成长影响深远，有20万人深受其益，堪称一大奇迹。

卡内基因着正确的信念、原则、技巧，能够不断持续影响全球的人们达百年之久，我开始思考，我所秉持的助人精神与热忱该如何延续呢？如何让我在下个50年能活得更有目标、更有意义呢？

于是，我陷入更深层的探索和反思中，对人生下一步要如何转型感到迷惘……

我逐渐感受到自己在卡内基的阶段性旅程已告一段落。与此同时，随着网络新时代的兴起，年轻人所面对的问题也变得更加多元与复杂，这些讯号似乎都在唤醒我，需要找出更多元的助人渠道和途径……

♥ Wonderful 心语

人生像是一段漫长的旅程，每个人都会遇到自己的卡点，那些无法继续前行的时刻，仿佛整个世界都停滞了。

有些人的上半场或许精彩，以为自己已经站在了人生的巅峰，拥有了一切。然而，某一天猛然发现，这些成就可能是自己在熟悉的舒适圈里打转。虽然看似光鲜成功，内心深处却依旧空虚和迷茫。

我们正卡在瓶颈，或是身处于疑惑迷茫中吗？当我们决定踏出那一步，迎向未知的挑战，风景也随之改变，我们的视野可能会变得更加开阔。新的经历、新的想法如同春天的嫩芽，悄然在心中绽放。我们会明白，生活不仅仅是日复一日的循环，还可以是充满惊喜和无限可能的旅程。

在这段出走的旅程中，我们会遇到不同的人，听到不同的故事，甚至发现自己内心深处的渴望与梦想。这些新的体验将成为我们重新前行的力量，帮助我们突破那道看似不可逾越的屏障，跨越眼前的迷雾。

所以，当我们感到卡住的时候，不妨勇敢地出走。跳脱舒适圈并不是冒险，而是成长的契机。让我们重新认识自己，并以全新的姿态迎接未来的每一个日子，找到真正的自我和人生的价值。

第 2 章

混乱中场：
寻找人生下半场的意义与目标

正当我焦虑着是否该放下所有的名声、头衔及稳定的薪水时，心中常浮现一句话："扩张我的境界。"

因此，"扩张我的境界、思考人生下半场"成了我内心的呼唤和后半生追寻的目标。

我想起了畅销书《人生下半场》的作者鲍伯·班福德（Bob Buford）所分享的："不要将自己设限于中年危机，而是应该善用这段中场休息的时间，好好准备自己，迎接最巅峰的人生下半场。"

这不正是我现在所需要的吗？于是我开始查询相关课程，得知鲍伯·班福德将在美国达拉斯开课。当我犹豫是否报名时，一位老友邀请我前往休斯敦担任一场论坛的讲员，而这场论坛恰好在"人生下半场"课程前两天举行，两个城市距离相当近。这样的机缘实在太巧了，让我不得不惊叹这真是美好的安排！

2012 年报名课程时得知毕业学员已超过 600 名，几乎全是事业有成且即将退休的集团总裁。在课堂上，鲍伯·班福德分享自己宝贵的人生经验及协助这群企业领袖实现"成功"到"价值与意义"的转变；他鼓励我们深入探索生命中最重要的价值和意义，并指导我们如何规划未来 10 年、20

年，实现自己的心愿和渴望，在全世界发挥正面的影响力。鲍伯·班福德强调他的恩师——管理学大师彼得·杜拉克给他的一段鼓励："你的人生下半场，会活得比人生上半场更精彩！"

许多学员在课程结束后，奔向各自的使命，例如成立戒酒基金会、赞助非洲凿井计划等。

与 Halftime "人生下半场" 创办人鲍伯·班福德（Bob Buford）合影

离开美国前，我恰好遇上达拉斯扩大纪念肯尼迪遇刺纪念日活动，并参观了附近的纪念馆。纪念馆上方的海报上写着一句深刻的话："人终将一死，国家会兴衰，但思想却永存。"（A man may die, nations may rise and fall, but an idea lives on.）

由于这天正好是"肯尼迪遇刺五十周年纪念日"，连在机场都随处可见这张海报，因此"An idea lives on"这句话成了萦绕在我心头的语句，不断提醒着我思索：已经 50 岁的我，未来要传承什么样的思想和价值，才能让我终生无憾？

这趟美国之行成为我踏出舒适圈的关键，提醒我要为人生下半场做好准备，活得更加精彩和有意义，让爱与价值得以代代相传。

然而，回到上海后，我仍然感到迷惘。要放下25年来最心爱的卡内基工作及安全感，我的内心依旧天人交战。

为了更深刻地理解"扩张"的意义以及做好人生下一步的选择，隔年，我前往以色列进行了一次深度之旅，希望藉此机会寻求启迪，并整理纷乱的思绪。

我参观了慕名已久的古城、圣殿与哭墙，也进入犹太人家庭参与安息日晚餐，深度体验犹太人家庭传统的千年智慧，如何教养孩子及完全不使用3C产品，探索他们创新成功的秘诀。

这趟旅程中，让我永难忘怀的是最后一站——死海。站在死海前，海上无波无浪，沉静而神秘，闪耀着神秘的光芒。

我的眼光舍不得离开这片美景，于是我希望能住进一间可以看见死海风景的房间。直到黄昏我才拿到钥匙，房号是635。

打开房门之际，正值夕阳西下，我被眼前的美景深深震撼。大片落地窗映照着金光闪闪的海面，夕阳余晖映照在死海平静的水面上，海面金黄如同明亮的铜镜。这一切的美丽超乎我所求所想。

原来入住635号房有着更深一层的意义——我愿不愿意接受这份特别的邀请，放下我最爱的工作，放下稳定的收入，来一场相信自我的人生中场大冒险？

我的答案是："我愿意。"

10年混乱中场：经历从无到有，使不可能变为可能

从以色列回来后，我跟随内心的声音，在2014年申请了退休。退休后

的头半年，平时忙碌惯了的我一时无法适应不用工作的节奏，早上会因为"今天没事干"而惊醒。凭着过去喜欢助人的热忱，我积极摸索并尝试各种方向，心里只想着4个字："爱与传承"，但具体要做什么并不清楚。

这段期间，我读了一篇文章，提到许多人喜欢采访名人，但真正有价值的采访其实在普通人的身上，他们的故事才是价值连城的。就像犹太人看重家庭传承，善用每一个节日、安息日，全家齐聚时传承历史和家族故事，流传到千代万代。这让我想起20年前，我为父母制作了50周年金婚纪念册和影片，直至如今仍深感有意义。

于是，我创办了"结果子文化公司"，开启了"传家宝"影像记录事业，通过为客户量身打造、拍摄家庭纪录片，尊荣长者，述说家族的爱与传承故事。

我亲力亲为与每一位长者聊天深谈，记录和挖掘家族中感动美好的故事，让每一位长者、家人都以最美好的面貌呈现出来。每一次的影像记录，都是长者和家人间永不磨灭的回忆。即便长者离世后，这些纪录片仍成为家族成员共同的珍贵记忆。其中记录了当时100岁吴伯伯、90岁武伯伯、失智的明星罗妈妈及癌末的曹妈妈，在每次追悼会上纪录片更是家人、亲友最珍贵且无价的记忆礼物。

传家宝拍摄也记录了我的老板黑幼龙夫妻与家族成员在一起温馨、欢乐有爱的故事，展现了黑家幸福秘密及家庭一起走过的欢笑与泪水、挣扎与努力，以及经历生命的高山低谷。其中，最值得一提的是立言儿子Luke（我们都怀念的心爱的孩子），不到8岁因血癌短短一年离开人世的故事。虽然悲伤不舍，每个人一起回忆Luke的独特与美好，影片中也分享黑先生夫妻的趣事及全家族欢乐凝聚的时光。现在孙子们已在国外念大学，黑先生说："因为这部传家宝纪录片，知道即使有一天我不在世上了，靠着云端科技，我也可以将家族的美好故事传给后代子孙。"

黑幼龙与孙女的甜蜜传家宝照片

拍摄"传家宝"记录家族的爱与传承如此美好，让我一度以为这就是我想要的人生下半场志业。然而，当我开始计算成本和经济效益时，才发现这个商业模式即使投入大量资金，仍难以获利。在拍摄了二十几部纪录片后，我只能忍痛结束这个计划。

摸索的过程，这条路好像遥遥无期，一路上充满不确定和迷茫，没有明确的目标或成果。

我无比感激我的老板黑幼龙及立言父子，在我申请退休后，仍然成全支持我的使命，让我得以继续担任卡内基顾问，并且获得一些津贴和课程收入，使我能够安心地追寻人生下半场。正是因着他们的慷慨帮助，才让我能够坚定走到今天。

其间，我再度联系老学员，也是当时台湾冠冕真道理财协会理事长吴道昌先生，他也是卡内基课程学习中认识的台南企业 CEO 老友，并引荐我加入 Career Direct 生涯指引顾问团队，通过"CD 全方位测评译码"帮助迷惘中的年轻人找到适切的职涯发展方向。

除此之外，还有一个大型青年培训基地找上门，邀请我担任青年创业辅导顾问，运用我的专业来孵化年轻人创业，我的生活因此变得非常忙碌。特别是在辅导一群社会新鲜人创业时，所需要的沟通技巧、情商、自我了解等，都面临耗费大量心力的挑战。我倾尽全力但成效甚微，并发现自己越来越偏离理想，感到力不从心。

从2012年到2019年这7年混乱期，我陷入自我怀疑，成为迷惘中场的代表。我该如何走出目前的困境呢？我人生的意义、使命、目标成了考验，但我明白，即使是在混乱的低潮，我心中的那份坚持——"爱与传承"是不变的。

在这段混乱时期，我一边摸索，一边梳理几十年来累积的助人工具，以及学习生涯指引专业，发现这一切经历都不是枉然，而是像一张碎裂的藏宝图，用我生命的探索旅程整合，最终指向"中场新起点"课程开发。

于是，"中场新起点"的初步授课开始了，我组建了志同道合的团队，在上海开了好几个班，好像看见了曙光。直到2020年过年回到台湾与家人相聚，没想到才过完年，就发现疫情让世界按下了暂停键，结束了我正要起步的事业……

♥ Wonderful 心语

退休后的 10 年里，初期我历经了旷野的日子，没有头衔和名片，没有成果；接着一头栽进混乱中场，投资传家宝、生涯指引顾问、青年创业辅导、一对一教练等。我感到这一路走来，好像是一个打磨和学习的过程，看似混乱，却帮助我的路越走越宽。

著名的美国投资家查理·蒙格在《穷查理宝典》中强调并鼓励人们建立多元思维模式，告诫人们不要只专注于单一知识领域，而是要多元学习。他认为，如果一个人拿着铁锤，他看到的所有问题都会是钉子；但如果他拿的是工具箱，那么面对问题时就会有不同的解决模式。

我的人生上半场只有卡内基这一种工具，我只能用卡内基来帮助别人；但经历了 10 年的打磨后，我告别了急于求成的焦虑感，并拥有了更多的人生指引工具。当我铺开所有的优势和机会时，发现人生并没有白走的路。

这段探索的过程是搜集一块块的拼图，当我将这些工具（卡内基、传家宝、生涯指引顾问、青年创业辅导、一对一教练）拼在一起时，就看见了真正的方向，也就是带人走出迷航的"中场新起点"。

第 3 章

安静中场：
结束所有混乱，重新面对自己

　　2020 年新冠疫情暴发后，经过两个月的挣扎，我不得不放下在上海努力了 10 年的一切，以及刚开始的"中场新起点"工作坊。同时，我的母亲已年迈，我一直希望能回台湾陪伴她。离开高雄已经 20 年，这次回到故乡，我感到既陌生又恐惧。

　　疫情期间，生活陷入停滞，我只能安静地与自己对话。心中充满了复杂的情绪和混乱的焦虑，是旁人无法理解的。于是，我开始疯狂地走路，锻炼体力，并为自己设定目标——前往西班牙朝圣之路（Camino de Santiago），进行一趟灵魂的探索旅程。

　　回台湾一年后，我处理了上海和台北的事业和资产，将重心移往高雄。每天下午，我沿着轻轨旁的码头步道行走，直到夕阳西下才回家。看着时间变化和四季流动，眼前的美丽景致让我不断地觉察和自我对话，在故乡继续深耕"爱与传承"的念头，也越来越清晰。

　　原来，安静下来、放慢脚步，与自己对话，是如此重要。我想起美国史上最具影响力的哲学家、"自然书写之父"亨利·梭罗于 1851 年发表了《梭罗散步》，以及畅销百年的《湖滨散记》。这些作品正是通过散步来反思自然环境中的简单生活，并延伸出对人文、社会和环境的关怀，重新认识自然与人的关系，至今仍深具影响力。

面对迷惘时，按下暂停键，进入安静的中场时光

还有德国古典哲学的始祖康德，也喜爱散步。他每天坚持一小时以上的散步，有着规律的作息，是启蒙时代末期最重要的思想家之一。其他如狄更斯和尼采等哲学家和思想家，都是散步的爱好者。

从这些名家大师的生命旅程中，我们可以看到，散步能刺激思考。当我们放慢节奏时，内心的稳定力量得以发挥，开启教练思维，带来更多的自我觉察与提问。这能帮助我们看见自然与人相互依存的关系，进而影响我们的生活和行为。

2022年，母亲被诊断出淋巴癌一期，在陪伴她治疗的过程中，我更加放慢生活的步调，通过散步哲学使我内心酝酿已久的"中场新起点"工作坊，反而更加系统化升级。

母亲逐渐康复后，我开始盘点自己的优势和所有工具，开办在线和实体工作坊。上海 Morning 姐常常来电给我打气，好友秀津主动协助我制作课程专业的 PPT，营运顾问 Rosa 也随时支持我的需要，引导我突破卡点，一起帮助我加速运作新课程。

在疫情期间，最不可能的情形下，"中场新起点 2.0"工作坊在高雄正式启动。幸运的是，针对走出迷惘的中场课程，市场非常稀缺，启动后引起很多的回响，收获不错的口碑，也在海峡两岸陆续开班。

这时我才明白，原来这 10 年的酝酿，就是为了"中场新起点 2.0"工作坊的问世。通过有意思、有意义的各种思维与工具，帮助我们觉察省思迷惘的原因及提升行动力，走出迷惘期。

在后疫情时代，越来越多人开始预备转换赛道或是成为自由工作者。如今，AI 人工智能的浪潮正冲击许多产业，我们对失业感到焦虑，对未来的复杂变动也感到不安。中场迷惘不再是退休族群才有的问题，而是所有年龄层都可能面对的生存焦虑。我们可以开始思考自助式人生的目标为何，想成为什么样的人，以及进入最适合自己的赛道，活出自己想要的人生。

左图：疫情前"中场新起点 1.0 版"工作坊
中图：疫情期间"中场新起点"在线版工作坊
右图：疫情过后"中场新起点 2.0 版"工作坊

流体智力 vs 晶体智力

《中年觉醒——重塑生命与生活的力量》的作者亚瑟·布鲁克斯（Arthur C. Brooks）告诉我们：无论从事何种高技能职业，几乎都会在 40 岁到 50 岁不可避免地走向衰退。这是每个人都有的共同经历，也就是所谓的"半衰期"。当我们试图弥补衰退与不足时，往往会陷入更大的愤怒、恐惧与失望中。

作者的研究指出，一种心理学假说可以帮助我们在这种困境中找到解决方法。该假说认为，人类智力分为两类：**流体智力和晶体智力**。流体智力与逻辑推理和灵活思考相关，通常在 30 岁以后开始下降。许多成功人士在职业生涯初期依靠流体智力取得成就。而晶体智力则是运用已知知识的能力，不会随年龄增长而下降，相反可能终身不衰退。历史研究和教育等工作被视为依赖晶体智力，这些领域不容易出现才思枯竭的现象。

布鲁克斯认为，流体智力和晶体智力的巅峰时间差是延续成功的关键。我们应该在流体智力自然衰退时，转向发展晶体智力。

接下来的问题是如何从擅长的流体智力转向晶体智力。布鲁克斯提出类似"断舍离"的观点，在人生领域，他认为人们应该放弃对成功的过度执着。许多工作狂在事业有成后，仍然过度投入工作，这样会导致他们只能靠职业成就来定义自己的价值。

为了顺利转换发展曲线，作者建议要先放下对成功的执着，并遵循以下三种策略找出新的发展方向。

首先，改变对工作的看法。不要将工作视为达成目标的手段，而是寻找工作本身的乐趣与意义。

其次，思考工作是否带来幸福感，排除薪水等外在条件，专注于工作本身。

最后，采用最适合发展人生第二曲线的"螺旋型职涯"发展模式。

螺旋型职涯其特点是在职业生涯中多次转换角色和职位，每一次转换都带来新的挑战和学习机会。这种模式强调职业生涯的动态和循环性，与传统的线性职业发展模式不同，螺旋型职涯更加灵活和多样化。

职业的转换不仅限于同一领域内的升迁，还包括跨领域的变动。每一次转换都像是螺旋中的一圈，带来新的视角和成长机会，让个人在不同的职位和环境中不断累积经验和知识。不但能让个人保持职业生涯的活力和动力，避免职业倦怠和停滞；更能鼓励个人多元化发展，提升适应变化和解决问题的能力，使其在变幻莫测的职场环境中更具竞争力。

布鲁克斯以自己为例，他在小时候就立志成为世界顶尖的法国号演奏家，自幼投入大量时间练习，在19岁那年成功达成目标，每年举办上百场音乐会。然而，随着时间的推移，挫折感逐渐涌现。布鲁克斯的演奏技巧不仅没有进步，甚至开始退步。尽管他花了无数心力来调整，最终在经过9年的挣扎后，黯然退出了职业领域。后来，布鲁克斯重新调整了步伐，转向学术领域，最终成为一名相当成功的学者。

因此，为了顺利发展人生的第二曲线，我们需要学习使用全方位整合的"614人生导航工具"。

从在卡内基退休到创立"中场新起点"工作坊的过程中，我经历了10年的摸索期。这10年里，我就像沙漠中的旅人，不断探索，终于看见了那片绿洲。我们常常因为无法安静下来，以为停下来会失去更多，但忙碌的结果却只让人生更加混乱。

这段期间是我的中场迷航，但幸好有卡内基、职涯规划顾问和一对一教练等自助工具的支持。通过发展这些助人和自助的工具，我最终走出了混乱和迷惘。

还记得我在人生下半场旅程的核心理念是"爱与传承"吗？

因此，我希望这本书能够将我在中场时期使用的所有人生指引工具传承给读者，帮助人们在迷惘中找到前进的方向。

♥ Wonderful 心语

给自己一段中场的预备期，静下心来，梳理人生，不论是旅行还是散步，重要的是给自己一段安静的时间，盘点自身优势，才能创造出人生下半场的转折点。

每个人都应该对这个人生转折的赛道提前做好准备，这样当时机成熟时，才能优雅且稳健地奔向属于自己的美好旅程。

加拿大歌手李欧纳·柯恩（Leonard Norman Cohen）在他的歌曲 *Anthem* 中有一句经典的歌词："万物皆有裂痕，那是光透进来的地方。（There is a crack in everything, That's how the light gets in.）"当我们感到绝望时，静下心来，为下一步的人生酝酿力量。

生命的安静不是放空等待，让一切从身旁经过而人生停滞不前；生命的安静应该是让心中的光透进来，照亮我们内心的胆怯和黑暗之处，从这道光中看见前方的希望，并以信心前进。看似失去或受伤的心灵，或许正因为这段安静的时光，获得了重生的契机，让我们打开生命中尘封已久的那扇窗，看见窗外的美丽蓝天。

第4章

三意人生的体悟

在我的人生上半场，表面上看似是我在主导我的人生，但实际上，我仍然专注于职场，并在我熟悉的与人互动框架内行事，这成为我的舒适圈。这就像是参加跟团旅行，有前进大方向不容易出错、不需要花太多精力解决各种难题，就能享受当下"有意思"的美好旅程。

进入混乱的10年中场，我在自助式人生的摸索和追寻中走了许多冤枉路，但最终学会了专注于"有意义"的人生，这也成为我下一阶段人生的亮光。

从跟团式到自助式的人生转变中，当我们手握工具，并知道自己生命旅程处于哪个阶段时，就可以更有目标、更"有意象"地前行，并为未来做好准备。

因此，"有意思、有意义、有意象"（以下简称"三意"人生）是我对生命三段旅程的体悟，也能帮助读者培养新的生活模式，发掘生命的意义与价值，让人生旅途不仅走得更长远，而且更幸福、更丰盛。

　　而这里面不得不提到的一个人，就是我在大陆的学员大维。他让我看到了一个真正在追求三意人生的年轻人。很多人会误以为我的课程是针对中场的人群，但实际上在开启课程的时候，我非常重要的目标人群，就是时下的年轻人，这里面有很多不乏优秀的人，他们的前半生都过着跟团式的人生，"千军万马过独木桥"，只为能在高考中脱颖而出。毕业后再考公务员或进入 500 强企业，过看似飞黄腾达的人生。但实际上很多年轻人从未想过，为什么要过这样的人生，只因为父母告诉他们，这样的人生最稳妥，也看似最光鲜。大维就是这样的一位年轻人，他上学时勤勤恳恳，两耳不闻窗外事，一心只读圣贤书，最终的确考上了重点大学，但是从小只知道学习的他，并没有找到真正有意思的事情，更不要提自己想过怎样的人生。于是他毕业后，按照父母的建议，回老家考公务员，过上了稳定且一眼望到头的生活。但是这个年轻人发现每天做的工作，既无法调动他的兴趣，让他感到有意思；也无法让他收获价值，让他感到有意义；稳稳妥妥地混到退休的生活，更无法让他看到有意象的人生。于是他决定辞去做了 10 年的公务员工作，重新返回上海，从零开始打拼。命运的安排才让我们有机会在上海相遇，也正是大维的不断学习和探索，逐渐找到了自己的"三意人生"。

"有意思"的人生：让生命活得更有乐趣、精彩

　　有意思的人生并不取决于我们所处的环境，而在于我们拥有的心态。创造幸福快乐生活的秘诀，其实源自我们的内心世界，而非外在的条件。

　　许多人误以为只有当外在环境变得完美时，他们才会感到快乐。例如：

"成家立业后，我就会快乐""有了孩子，就能拥有快乐""退休后我才会快乐"……这种思维模式将快乐的来源寄托于外在环境的改变，然而在现今外在环境变化剧烈的时代，挑战可能层出不穷。如果我们必须等到生命中所有问题都解决了才会快乐，那么要到哪一天才能活出有意思的人生呢？

现实是，生命中的一切不可能都是完美的，人生也无法避免遭遇挑战和风浪。期待外在环境的完美，只会让我们陷入无尽的等待和失望。

我非常认同著名投资人瓦纳尔观点：真正的赢家就是发挥自己的热爱，找到一份对你而言有意思像在玩，但在别人眼里是工作的事业；对他人而言是工作，对你来说，是艺术，是乐趣，是充实，更是心流。

因此，真正有意思且喜乐的人生，不是依赖"完美的环境"或他人对我们的肯定，而是依赖"对的态度"。这种态度包括：

- **自我肯定**：不依赖他人的认可来评价自己。
- **积极心态**：无论遇到什么困难，都保持积极向上的心态。
- **感恩之心**：学会感恩所拥有的一切，而不是执着于缺乏。

改变要从内心开始，重点不在于我们拥有多少，而在于我们想成为什么样的人。通过改变我们自己的态度，来改变外在环境和他人，这样才能真正为自己和他人带来快乐，并活出有意思的人生。

小时候我的家境并不好，一家大小的生计都落在母亲身上。我从小就跟着母亲去打工，看见她在困难中依然保持积极正面的态度，不忘带给孩子们乐趣的信念。记得小学三年级时，我也跟着母亲到冷冻厂打工。我以为自己是最勤奋的小帮手，可以帮忙赚不少钱。没想到工厂倒闭了，母亲陪着我坐了很久的公交车去找老板讨工资，却一分钱也没拿到。虽然当下我很失望，但反观母亲，她很平静，也没有再提这件事，选择用正向的态度继续生活，不陷入沮丧、抱怨和苦毒中。她的态度对我影响很大。

长大后，我变得乐观、积极主动、富有创意，喜欢创造仪式感、精心时刻，乐于与朋友分享美好，把生活中平凡无味的事情变得好玩、有意思、有乐趣，就像下面分享的几个小故事。

在疫情间的暖心行动

疫情期间，我认识的一位老师罹患了癌症，在得知此事后，我心想她独自一人抗癌，经历多次化疗，肯定相当苦闷且无助。于是，我决定策划一场在线午餐会，为这位坚强抗癌的老师加油打气。

我和 Jenny、Sheena 几个好友一起筹办这个特别的在线活动。他们帮忙点了她最喜欢的 BBQ 双层猪肋排汉堡，我们各自叫了外送餐点，准备在屏幕前共享这段温暖的时光。当我们一一出现在视频中，大家面带兴奋的笑容，挥手问候，那份久违的温暖迅速蔓延开来，分享生活中的趣事，让其忘却病痛，她在镜头前开怀大笑的样子，完全看不出来是病人。她对着镜头大口吃汉堡的逗趣模样，大家至今都难以忘怀。

看见她脸上带着笑容，仿佛病痛中的阴霾被阳光驱散，对我来说，这次在线聚会无比珍贵。能够创造这样的精心时刻，为他人带来温暖和力量，让我倍感欣慰。我深深感受到，哪怕远隔千里，爱和关怀依然可以跨越一切阻碍，温暖每一颗孤单的心。

留下美好回忆

我的同事戎婷，年仅 30 多岁，在某次生病进行健康检查时，被医院宣判罹患罕见疾病"多发性肺部淋巴管平滑肌增生"，全台湾只有 20 例。随着时间流逝，她的身体状况逐渐恶化，最终不得不依赖氧气才能上班。我自告奋勇，成为她的接送司机，每天开车到她家，送她上下班。

戎婷是家中的独生女，性格内敛，不善于表达情感。有天在开车途中，我建议她可以写些话、做一本手札给父母，表达内心深处的感谢和爱意。

随着日子一天天过去，戎婷的身体愈加虚弱。我希望能够为她留下些美好的回忆，于是提议找个摄影棚为她拍摄特别的家族照片，记录这段珍贵的时光，给她的父母留下一个永恒的纪念。很感恩，全家人纷纷齐聚摄影棚，共同参与这次意义非凡的拍摄。我担任导演并设计了一个场景，让戎婷与母亲一同穿上婚纱，留下了幸福的瞬间。现场热闹和欢笑的氛围，驱散了即将道别的忧伤。

拍摄完半年，戎婷便离开了人世。不久之后，她的母亲因过度悲伤而罹患中风。虽然这一连串的打击来到戎婷家，但这些珍贵的照片和影像为戎婷的父亲留下了美好的记忆，伴随他走过余生。

我们往往太在意眼前的绩效，以至于全心投入工作，忘了人生要从利他中收获更精彩丰富的生活。有意思、感恩、利他、有创意的生活态度，不仅能帮助我们活得更精彩，也能为这世界和他人带来许多的祝福。

"有意义"的人生：探寻生命的价值才能超越困难

"有意思"的人生是一种生活态度，能帮助我们活出精彩。然而，外在环境的重大挑战可能会让我们一时失去盼望，我们要如何克服外在环境变化带来的焦虑，并产生更大的影响力呢？

答案就是找到属于自己的生命意义，活出"有意义"的人生。丹麦哲学家齐克果说："我所缺乏的是清楚认知自己要做什么？重点在于了解自我，知道上天确实要我做什么？**找到可以'为之生、为之死'的信念，才能带着无与伦比的勇气前进。**"

纳粹大屠杀幸存者弗兰克尔（Viktor E. Frankl）在其著作《活出生命的意义》中，以自身在集中营的经验揭示了人类生命的动力在于找出生命的意义：只要人明白为何而活，即能承受任何痛苦。选择面对苦难，是一个人生命意义的终极自由，因此无论身处何种环境，皆能昂首向前。

弗兰克尔的全家都被关进集中营，并死于毒气室，只有他和妹妹幸存。外在环境看起来如此绝望，但他坚信只要继续活着，就还有事要做，这成为他活下去的动力。

每个人的生命意义都是独特的，且可能随着时间和情境而变化。对弗兰克尔而言，生命的意义在于"帮助他人找到属于他们生命的意义"。他鼓励人们在生活各个方面积极寻找深层意义，即便是在面对困难、挑战、死亡和绝望时。这股信念也帮助他自己跨越了痛苦、继续前行。弗兰克尔的理论为人类生命意义的探索带来了深刻且全新的视角[1]。

虽然我们的一生中不见得会遇到像弗兰克尔这么大的挑战，但我们可以学习他在面对逆境时仍保有自由意志的精神，为自己的人生负责，并活出生命意义。

追寻生命意义带来的影响力

这里又不得不提到大维，他曾在政府单位工作 10 年。离开后，他进入了一家民营企业，虽然薪水较高，但问题层出不穷，他感到非常迷惘。就在这时，他主动寻求"CD 全方位测评译码"，以帮助他认识自己的优势、能力和价值。在完成测评后，大维意识到自己的优势和生命的意义在于用文字、演讲发挥影响力，于是他开始朝这个方向前进。

为了能发挥优势，他每天 5 点起床，读书写作，创办公众号，从几个人阅读，到几百人，再到出现阅读量 10 万＋的爆款文章。大维说他每天连

---

[1] 弗兰克尔认为一般人可以藉由实现以下三种价值来获得生命的意义：
- 创造的价值（creative values）：通过创造工作或做出成就来找到意义。
- 体验的价值（experiential values）：通过体验事物或与他人的关系来找到意义。
- 态度的价值（attitudinal values）：面对无法改变的苦难时，通过采取积极的态度来找到意义。

走路都想看书，他分享这种学习方式叫作"须鲸式学习法"，就是不管其好坏，先一股脑地吃进去，再取其精华，去其糟粕。就这样他操练了3年。

恰巧那时，帆书（原樊登读书）的副总来公司参观。因为特别热爱阅读，大维抓住机会，询问是否有机会加入。虽然当时的条件并不比前公司更佳，但他坚定地知道这是通往实现生命意义的重要一步。于是，他毅然决然地进入帆书工作，利用业余时间继续学习写作和演讲。他的努力很快得到了回报，被提升为特助。

加入帆书后，又给大维打开了新的大门，那就是自媒体，可是他完全是一个外行人，本职工作也只是对接政府关系，怎么可能做自媒体？但是大维被意义感召，于是，他创立了"大维读行"视频号。即便演讲比赛拿到最后一名，即便同事也嘲笑他没有一点流量，即便发了100多条视频，也没有真正出现过爆款，但是大维始终没有放弃。如今，他的频道拥有非常高的点阅率和影响力，自媒体粉丝量近50万人，成为许多人生活中的灵感和指引。他用自己的经历证明了追寻生命意义，不仅能带来内心的满足，还能对他人的生命产生深远的影响。

大维的故事提醒我们，无论在何种境遇中，只要我们能够看见自己的价值并坚持追寻生命的意义，找到目标，并勇敢跨出去，就能改变困局，为自己和他人创造出无限的可能。那么，我们应该如何找到属于自己的价值，确认目标并向前迈进呢？

"有意象"的人生：在宝藏盒里放入最有价值的

2024年奥运女子重剑金牌得主江旻憓曾分享，她在大学时被教授要求写下个人价值清单，并逐步缩小范围，从20项缩减到3项。通过这个练习，她学会了如何确定人生的优先目标，在面对艰难抉择时目标感更加清晰。

同样地，股神巴菲特也曾建议他的私人飞机驾驶员，将人生中要做的

25 件事写下来，筛选出最重要的 5 件，并专注于这些目标，其余的则删除不做。这两个故事都传达了"少即是多"、将重要的事放首位的理念。

94 岁的巴菲特在 2025 年退休前股东大会上说：

> 别急着赚快钱，先去找那些你打心底佩服的人，和他们在一起；
>
> 别只盯着职位和薪水，去找那个你愿意为之努力一生的方向；
>
> 别被环境推着走，问问自己：我想成为什么样的人？我在和谁一起走这条路？

巴菲特人生最重要的决定，就是跟查理芒格一起经营投资事业，他在最后一次股东会上特别提及已去世的查理名字 23 次，足以看出他与這位志同道合戰友合作 60 年深厚情谊，足以证明跟佩服的人走一生，是他最为看重的事。"

当我们确认自己生命的价值后，必须以长期主义为基础，选定 1~5 个目标稳健前行，至少累积 7 年，看远而不是看近。如果你现在正处于迷惘中，告诉自己，要勇敢地为自己定下几个重要且长远清晰的人生目标，更有方向性、有系统、走得慢、有目标，然后迈开步伐勇敢地往前行。（参考附录《21 天自助式体验人生手账》）

人生上半场就像拥有一个百宝箱，里面装满各种有意思的东西，象征着我们对快乐的各种追求。在这个阶段，我们探索并尝试各种可能，寻找那些能够带给我们满足和成就感的事物。然而，随着时间的推移和经验的积累，我们渐渐发现，真正有价值的东西并不仅限于这些表面的追求。

到了人生下半场，我们需要学会舍弃。如果我们的人生里有一个宝藏盒，里头只能放一样东西，那会是什么？

当我找到人生第二曲线的目标"爱与传承"后，我努力向前奔跑，做了"传家宝"、"生涯指引顾问"、"中场新起点"工作坊和"创业辅导顾问"。虽然看似在混乱中走了 10 年，但就像拼图一样，最后指向那美丽的宝藏盒——"中场新起点"，把助人、爱和思维工具传给下一代，这是我希望对世界产生的影响。那么，你的选择是什么呢？

♥ Wonderful 心语

　　从跟团式到自助式的人生，拥有"三意人生"的态度，意味着我们能为未来对准方向。"有意思"让生活充满趣味和创新；"有意义"提供克服困难、前进的动力；"有意象"则带来长远的视野和专注的意志。掌握"三意人生"，我们将改变生命。

　　自助式人生最大的挑战是遇到超出预期的问题。就像出海捕鱼的渔夫，即使拥有罗盘和导航，也必须做好充分准备，才能安稳航行。接下来的"614人生导航工具"，将介绍4种思维、6个工具和1种信念。让我们携带这些工具踏上旅程，即使面对挑战，也能迎刃而解，享受美好的人生风景。

四季思维篇

四季思维篇

当我们感到迷茫时，这其实是一个好的开始，因为这正是开启人生第二曲线、提升晶体智力的起点。

在自助式人生的旅程中，我们无可避免地会面临来自外在环境的挑战。人们在思考大环境时，通常会联想到政治、经济、气候、全球局势以及 AI 科技未来的变化等。在这个充满焦虑的 BANI 时代，随波逐流、追随前人脚步似乎成了更安全的选择。

有几种框架反映了大多数人面对多变大环境的应对态度。例如，"安稳型"的人偏向保守，稳健踏实不是坏事，但若没有活出自己的心流和生命价值，内心会感到空虚。"英雄主义型"的人总以英雄的姿态迎接挑战，不断奋斗以证明自身价值。尽管英雄主义型的人负责任且勇于冒险，但现实的多变性常让他们陷入无尽的难题，内心难免感到疲惫与焦虑，因为在持续的挑战中，他们难以找到真正的平衡与满足。

究竟我们要如何面对如此急剧变化的时代呢？亚马逊CEO杰夫·贝佐斯曾分享过："我经常被问到未来10年会有什么变化，却没有人问我**未来10年有什么事情是不会变的**。其实，第二个问题比第一个问题更重要。"因此，在多变的时代中，找到那些恒久不变、契合自身优势的领域，并专注于其发展和投资，才是最佳的应对方式。

当我们一直关注于外在环境的风浪时，会不自觉地陷入焦虑和停滞。我们真正需要做的是在风浪中调整自己，认清自身优势，并以坚忍不拔的态度，在变动中找到不变的规律。唯有如此，我们才能顺应变化，抓住机会，迈向成功。

在这个世界上，最能体现丰收的例子便是自然界中的四季循环。春季万物生机勃勃，夏季劳作耕耘，秋季收获果实，冬季则是充实沉淀。四季不断地循环往复，展现了生命的韧性和适应力。这种循环不仅是造物主的奥秘，也成为早期人类智慧的体现。

《荀子·王制》中有一句箴言道："春耕、夏耘、秋收、冬藏，四者不失时，故五谷不绝。"表达了每年春夏秋冬的季节变化，若能按照这样的规律生活，便能持续丰收。

古人的智慧使人们能够在每个季节中取得平衡，顺应自然规律。这些智慧不仅适用于农业，也能引申到人生规划和事业发展中。它提醒我们，无论环境如何变化，只要抓住不变的真理，顺应季节的规律，预备、努力、收获、沉淀，便能在多变的世界中找到稳定的秩序。

犹太人在科学、艺术、心理学、电影等多个领域展现了卓越的智慧与创造力，无论是爱因斯坦的相对论、弗洛伊德的精神分析，还是史蒂芬·斯皮尔伯格的电影作品，这些杰出的成就都见证了犹太人非凡的才华与影响力。

犹太民族对时间和季节有独特的看法，这些隐藏在生命循环中的智慧值得我们借鉴。

有别于中国"一年之计在于春"的观念，犹太人对于一天始于傍晚和一年始于秋转冬的时间与季节观，体现了他们对自然和生命的深刻理解。我观察到犹太人总是会提前预备一切，先经历一个安静梳理的过程后才进入奋进的节奏。我们可以结合中国古老智慧，将犹太人的季节变迁循环延伸为"冬藏、春耕、夏锄、秋收"四季螺旋思维来看待人生；也学到如何在困境中寻找希望，通过反思、悔改和沉淀来迎接新的开始，以及如何尊重和适应自然的周期。

614四季螺旋思维

在冬季练习安静，积蓄"慢的力量"；在春季认识与定位自己，将独特的优点发展成优势；在夏季练习除去限制性思维，除去那些妨碍生命成长的杂念；如此一来，就能在秋季收获美好的果实，让生命迎来螺旋式的上升。这样的四季思维让我们明白，成功从来不是一蹴而就的，每个阶段都有其独特的意义和价值。

在日常生活中运用四季思维时，我们不需拘泥于固定的"冬春夏秋"顺序，而是灵活掌握每种思维的精髓，随时运用。当我们以这样的眼光看待生活中的起伏，就能为人生旅程带来更长远的视野，即使面对生命的波折、低谷和外在挑战，也能拥有更多的理解和更强的韧性。

接下来，让我们一起探讨"614 人生导航工具"中的"4"——四季思维，看看中国人和犹太人的古老智慧如何应用在人生规划与事业发展中，提醒我们在不同阶段采取适宜的行动和策略。

第 5 章

冬藏篇

你的人生正处在迷惘中吗？你觉得人生卡住了吗？

现代生活普遍给人的印象是：人人都忙碌无比，开不完的会、看不完的邮件和信息。工作压力和社交媒体的焦虑让人疲惫不堪。

从上一章我们了解到，对犹太人而言，傍晚转入黑夜，是新一天的开始。黑夜看似漫长，但终将迎来黎明。同样地，犹太人的新年始于由秋转冬。冬天虽然漫长，但终将迎来万物复苏的春天。

这个思维提醒我们，人生中的黑暗时刻也可能是一个全新开始的前奏；生命中的寒冬并非终结，而是蓄势待发的时期。黑夜和冬天是反思、内省、沉淀、安静的时刻。我们应该在"冬藏"的季节里做好内在的调整，设定好目标，当春天来临、机会到来时，才可掌握先机，赢在起跑线上。

冬藏：从黑夜到黎明，从冬到春的转变

记得当我忙碌追寻人生的中场时，"卡内基""传家宝""生涯测评顾问"和"中场新起点"等，让我忙得不可开交。我以为在上海开办的"中场新起点 1.0"是黎明的曙光，没想到却遇上世纪疫情。所有的事业都被迫暂停，我不得不进入真正的"冬藏"阶段。相信许多人的心情曾经和我一样，面对眼前的损失，焦虑、不安的情绪排山倒海而来。

"冬藏"阶段最大的煎熬在于：长时间等待却看不到成效，加上前方路途漫长，不禁让人怀疑是否走错方向。在我们的一生中，是否也经历过多个"冬藏"阶段？还记得是如何应对的吗？是放任时间流逝，还是沉淀自己、预备好自己，在适当的时机一跃而起？

在我的"冬藏"阶段，我每天靠着散步来排解压力、锻炼体力，并与内心对话。这段时间里，我还参加了卡内基的老同事 Kelly 主办的"Walk with Kelly"活动。这是她第一次在花东举办徒步行走活动，行程从花莲光复乡徒步走到台东。在这段旅程中，我惊讶地发现台湾竟然拥有如此壮丽的风景，特别是在旅英艺术家优席夫的彩绘稻田中，看见犹如梵高画作般的美景，令人赞叹不已！每天徒步行走时看到的风光都深深烙印在我的内心。

从前经过花东时，我总是开车，风景匆匆掠过，尽管感受到那份绝美，却无法真正深入脑海。但当我改以徒步行走，沿途的自然美景不仅洗涤了我的心灵，更让我领悟到，生命中的许多智慧都隐藏在大自然中。通过感受环境的变化、宁静，获得启示，我找到了"中场新起点"课程的全新灵感与动力，这些都是在忙碌的日常中难以获得的珍贵体验。

冬藏思维 1：省思现状、夺回时间

"冬藏"阶段是一个让我们的心安静下来，养成慢的力量、省思的时刻。这段时间，我们可以思考是否过去太忙碌，没有时间好好陪伴家人、好好运动、进行有效的理财，没有花时间投资在真正有意义的事情上。

企业顾问和培训专家茱丽叶·方特（Juliet Funt）在《留白工作法》一书中提到四种常见的"时间小偷"：

- **干劲**：对所有事情都全力以赴，甚至过度投入。
- **卓越**：对每个细节斤斤计较，追求完美。
- **信息**：不想错过任何信息，导致信息过载。
- **行动力**：任何事情都马上执行，像无头苍蝇一样不停歇。

这些特质虽然看似正面，但会让我们压力过大，忘记休息。越觉得没时间，就越想快点完成更多事，结果反而更没时间。我建议应对这些"小偷"的方法是：

- **干劲**：问自己"有可以放掉的事情吗？"。
- **卓越**：问自己"做到什么程度算够好？"。
- **信息**：问自己"真正需要知道的信息是哪些？"。
- **行动力**：问自己"哪些事情值得我们投入心力？"。

在每个任务之间、会议间隙，留一到五分钟思考这些问题，称为"策略性暂停"。我们需要的不是更多时间，而是刻意创造出更多空间思考。

在忙碌的生活中，我们也需要适时地停下来，放下手机，妥善运用四季中的"冬藏"思维，检视自己的忙碌状况，调整方向，停止恶性竞争和比较。这种暂停不仅仅是为了休息，也是为了确保我们以更好的状态和更清晰的目标重新出发。

冬藏思维 2：安静练习，积蓄"慢"的力量

"懒蚂蚁效应"（Lazy Ant Effect）是由日本北海道大学进化生物学小组提出的研究发现。他们观察到，在蚂蚁群体中，总有 20% 的蚂蚁看起来无所事事、东张西望。这一效应指出，企业中常常有一部分员工表面上看起来懒散，但实际上他们专注于思考和策划，无暇处理日常杂务。当企业面临重大困境时，这些"懒蚂蚁"会运用他们的智慧，带领企业渡过难关。

这些懒蚂蚁实际上是群体的"后备力量"，当需要应对突发事件或紧急情况时，它们会迅速行动，补充和支援活跃蚂蚁的工作。

然而，对于一个习惯于凡事靠自己努力拼搏的人来说，成为群体中的"懒蚂蚁"或接受群体中有"懒蚂蚁"的存在似乎相当困难。这时，需要的是"安静练习"。

如果不刻意进行安静练习、梳理、觉察和反思，我们往往会选择更多的外在活动，以为只要保持努力就可以减少失败，但多数人最后只是陷入无止境的疲惫和忙碌之中。

因此，在"冬藏"阶段，我们要进行安静练习，帮助我们活在当下，花时间与自己相处，才能让思路清晰，并积蓄下一阶段行动的能量。

冬藏思维 3: 探索 10 年后的目标

启动自助式人生的第一步是内省，问问自己未来 10 年的目标。了解我们"下一个 10 年要去哪里？"，抓住生命中的优先次序，确定最重要的事情。梳理一生的价值观，思考 10 年后希望达成什么，并持续探索与觉察，让自助式人生更具目标感。

可以参考巴菲特的人生智慧："列出 25 项你感兴趣的事情，删除不重要的，只保留最重要的 5 项。"花时间思考并回答这些问题，确定人生中

最重要的价值观和信念，也就是在人生的藏宝盒里要装什么。

接下来，我们必须在百忙中腾出时间，给自己进步和成长的"白色空间"。阅读名人传记和帮助成长的书籍，并写下笔记和心得。阅读和做笔记，可以帮助我们提升自己，找到更多的启示和灵感。

犹太人安息日是安静练习的重要一环。每周至少安排一天作为安息日，追求幸福感和仪式感。这一天可以用来休息、安静、学习，与家人朋友团聚、分享一天当中的喜悦和幸福感。即使在冬藏阶段，可能没有立即的答案，但保持与家人朋友的对话和互动，会发现过去没有注意到的盲点，这些可能成为我们人生突破的助力。犹太民族最了解安息的精髓，他们通过与家人朋友相处，分享经典箴言，从神的话语中得到智慧，恢复动力和精力，建立工作与生活的平衡。

写美好日记是在安静练习中提升幸福感的好方法。采取《收获心态》（*The Gap and Tne Gain*）一书中分享的，跳脱满分思维，感恩美好的一天，由我们自己来定义！每天反思比昨天或上周有什么进步，并通过日常的积极行动和心态来实现，这会帮助我们看见自己的成长。

旅行或散步能够让我们与大自然和环境联结，在愉快和探索的心情中更能保持思路清晰。我发现自己每一次生命卡点的突破，都是在有意义的旅行中实现。自助式旅行可以让我们通过不同的角度看待事物，帮助我们发现新的视角并找到解决问题的方法。

冬藏思维 4：创造迎接春天的仪式感

冬藏时，我们可以创造迎接春天的仪式感。犹太人在新年后进入漫长的冬季，但到了 1 月或 2 月，他们会庆祝树木新年（Tu B'Shevat）①。树木

---

① 在树木新年的时候，犹太人的餐厅会用树木和果子的图案装饰，人们也会举行庆祝活动。这一天，所有人都穿着与植物有关的衣服，象征春天即将来临。这种仪式感创造了美好，让人们心中充满盼望。

新年时，人们会看见杏花绽放，并举行充满仪式感的聚餐，享用象征生命的果实和餐点。这让人们的心中充满了盼望，虽然眼前还未见到春天的到来，但他们知道万物终将复苏，生命也将迎来新生。这是树木新年的意义。

树木新年时也鼓励人们种下一棵树，期望多年后它能茂密繁盛，为人们提供乘凉的地方。在疫情期间，我也曾请人在伯利恒种下一棵树，在那个美丽的地方感受万物的新生，通过这棵树传递爱与传承的心意。

冬日黄昏后漫步码头，启发了我对"冬藏"的深刻体会

冬天，我们以为是消沉的日子，就如同人生中的低谷。但我们不要失去盼望，在低谷时刻进行内省、阅读、做笔记、搜集资料，准备好自己。当时机到来时，我们将能在春季里掌握先机、复苏内心，并看到希望。

不是人生低谷，而是蜕变新生

学员 Sunny 是企业第二代，她的亲戚将父亲产业的一部分搬离、另起炉灶，带走许多人才，公司一夕之间失去了大批中高阶主管，陷入了前所未有的困境。面对突如其来的变故，Sunny 感到无比焦虑。然而，她心中坚定着"只许成功，不许失败"的信念，决心肩负起责任，带领公司走出困境。

这是 Sunny 生命中的"第一个冬藏"阶段。她开始内省，仔细盘点公司现有的优势，重新调整方向。她明白，唯有在这个阶段做好一切准备，才能在机会来临时掌握住它，带领公司脱离困境。经过一段时间后，Sunny 的努力终于得到了回报。她成功带领公司走出"冬藏"阶段，业绩蒸蒸日上。

然而，在公司稳定后，Sunny 仍然不断追求卓越。她告诉自己："我不能输。"她拼事业的心态使她忘记了如何放松，甚至在孩子的教育方面，她也只看重成绩，没有陪伴孩子成长。

过了几年，公司业务依旧稳定增长，但 Sunny 却感受到前所未有的慌乱和迷惘。在参加"中场新起点"课程后，她明白自己已进入人生的"第二个冬藏"阶段。她意识到，人生不仅仅是拼业绩，而是随着阶段性发展，蜕变进入更宽广的生命。

在"冬藏"阶段里，Sunny 反省自己，主动积极地拥抱改变。她为自己定下未来 10 年的方向：如何在公司成为一个优雅有魅力的主管，在家里成为一个好妈妈、好太太，陪伴家人。调整心态后，她不再逼自己忙碌拼业绩，而是更愿意赋能给员工，用更多时间倾听员工和家人的心声，通过一些仪式感的活动，为员工和家人带来创新和改变。因此，她平衡了自己的时间，在职场上成为有影响力的主管，也有更多时间陪伴家人，赢回了老公及儿女的心。

在 Sunny 的故事中，我们看到了生命的"冬藏"阶段不仅仅是困境中的沉寂，更是为未来的辉煌打下坚实基础的关键时刻。人的生命旅程是循环的，是螺旋的。我们在一生中会经历多个生命的四季，在不同阶段面临不同任务；调整步伐，当机会来临时，我们将能牢牢抓住，迎接生命的春天。

生命的"冬藏"是一段内省的时光。就如同大自然在冬季中沉淀，我们也应该给自己足够的空间和时间，梳理过去的经历、反思内心，并盘点与预备资源。在这安静的时刻，我们能培养自我成长的种子，为迎接新的季节与机会做好准备。"冬藏"不是停滞，而是一个沉淀与凝聚的过程，使我们在生命的每个阶段都能以更加坚强和成熟的姿态前行。

冬藏练习 Tips

1. 省思现状、夺回时间

- **干劲**：问自己"有可以放掉的事情吗？"。
- **卓越**：问自己"做到什么程度算够好？"。
- **信息**：问自己"真正需要知道的信息是哪些？"。
- **行动力**：问自己"哪些事情值得我们投入心力？"。
- **停止比较**：放下手机，停止看社交媒体，放下比较和竞争的心。

2. 安静练习，积蓄"慢"的力量

- **旅行、散步与自我提升**：放慢脚步，与大自然联结，安排一次突破舒适圈、有意义的自助式旅行，能使我们跳脱固有思路，看见不一样的人生选择与获得启发。
- **制造白色空间**：进行一个人封闭式静休会（Retreat），不看新闻或社交媒体，仅阅读名人传记和提升自己的书籍，与自己心灵对话，读书并写笔记。

3. 确认 10 年后的目标

- 设定未来10年目标。从设定一年目标，到展望10年后的自己，思考想要什么样的人生。
- 列出25项感兴趣的事情，删除不重要的，仅保留最重要的5项。回顾过去，内省、思考，确定未来人生的藏宝盒里要装什么。

4. 写美好日记（Wonderful Day）

- 记录一天中值得感恩和美好的事物，跳脱满分思维，当下的成功和幸福由你决定。

- 反思自己比昨天或上周有意思的进步，练习活在当下。

- 每次完成自己所设定的目标时，都记录下来，制作成册，记录自助式人生中的旅途风景、遇到的人事物、指向10年后的未来梦想。这趟逐梦之旅的梦想叠加后，能让我们看见有意象的人生。

5. 创造仪式感

- 设计有意思的仪式感活动，创造有意义的关系联结，例如给别人惊喜的精心时刻，关心他人的需要，花时间陪伴、聊天。刻意创造并记录一些生活上的珍贵时刻。

- 每周至少留一晚给自己和家人朋友相聚，分享一周的喜悦和正在做的事。倾听他人、恢复动力，建立工作与生活的平衡。

第6章

春耕篇

　　春天是万物苏醒、生命蓬勃发展的季节，象征着寂静的冬天已成过去。在这段时光里，气温回暖，万物萌芽，仿佛自然界的每个角落都重获新生。人类的身心亦如大地，经历了冬季的沉静与休憩，在春日的呼唤中逐渐苏醒，展开新的篇章。

　　疫情期间，事业暂停之际，我第二次徒步走在花东纵谷。当时正值春耕季节，我被眼前的景象深深吸引：一块块水田里，小小的秧苗在山岚的衬托下形成如诗如画的美景。水田中倒映着初春的暖阳，宛如一面美丽的镜子，映照出云与天。

　　我领悟到，春耕需要农人的辛勤劳动，而阳光和春雨是其中最重要的元素。有时我们以为春季乍暖还寒，会为农作物带来伤害，但事实上，充足的阳光和雨水是农作物成长所需的养分和力量。虽然一开始可能看不到成果，但通过坚持、耐心和抓住时机，终会有丰收的一天。

人生的"冬藏"是沉淀与准备的时期，而"春耕"则是播种耕耘的季节。在这个季节里，我们应该耕耘翻土（规划未来）、确认手中有哪些种子（能力与优势），并为每颗种子制订育苗计划（培养与投资）。当我们为自己制订计划、追求目标并付诸行动，积极的思维会使我们勇敢迎接生命中的新挑战和机遇。

爱因斯坦曾说："疯狂即是重复做同样的事情，却期待不同的结果。"这句话提醒我们，人生的"春耕"需要全新的策略、计划与投资。如果不进行创新，不撒下希望的种子，怎能期待转机的来临？

因此，在春耕的季节，我们要把握三项重要的原则：

1. **定位自己**：确定自己是什么样的种子，了解自身的特点与优势。

2. **将优点变为优势**：更肯定与接纳自己，找到自己的优点，并将这些优点精进转化为优势。

3. **发展螺旋式职涯**：撒种、植梦、筑梦，善用流体智力，预备晶体智力，即便环境不佳，也要为人生的第二赛道、多元职涯做准备。春耕是一种长期的努力，并非短期内就能看到成果。

春耕思维 1：重新定位自己，盘点优点、价值观

对许多人来说，放下辛苦耕耘的一切，跨领域转换是困难的。一方面，必须重新学习新的技术；另一方面，过去的经验也无法直接应用，一切都要从零开始。因此，在中场新起点的"春耕"阶段，认识自身本质与能力，并将其转化为优势是非常重要的。发展螺旋式职涯，并以积极的态度一步

一步有计划地前进。

如《原子习惯》作者詹姆斯·克利尔（James Clear）所言，定位自己要从"我是谁？"和"我已经成为这样的人"开始。从小步骤入手，逐步改善生活。通过微小而持续的改变，建立起积极的生活习惯，长久下来将能看见自己逐步朝目标迈进。例如，20年前我就有出书的念头，当我开始定位自己为"作者"时，我就开始累积阅读、整理笔记和教学精华，最终方能写出这本书。

"使命"和"价值观"是一种驱动力，也是行为准则，就像圆规作图时的支点。圆规的支点代表我们的初心和心中最重视的价值，这是我们的目标，也是成长的动力。

这个支点可能是我们的价值观和信仰。一旦确立了这个中心点，一切的行动和决策就有了依据，无论生活如何变化，困难如何袭来，只要紧紧抓住这个支点，我们的路径就会像圆规画出的圆圈般，稳定而有规律，始终如一地朝着目标前进。甚至当我们将行动延伸、扩展境界时，还能以价值观为中心，画出更大的圆。

春耕思维 2：将优点转化为优势

每个人都有独特的优点，这些优点若能善加利用，就能成为优势。例如，善于与人相处是一种优点，但若不注意，可能会变成乱交朋友的缺点。然而，若能把这种特质朝正确的方向推进，将其转化为赢得信任、建立人脉的能力，就能把优点变成真正的优势。同样地，爱说话是一种优点，但若没有智慧与节制，可能会变成乱说话惹事的缺点。然而，若能发展出良好的表达能力，就能产生说服力和影响力，这正是优势所在。

在"春耕"阶段，我们需要识别自己的优点，并将其转化为可以帮助我们达成目标的优势。这不仅仅是发现自己的特长，更是学会运用这些特长来创造价值。例如，有些人天生善于沟通，但这样的能力若未加以培养，可能只是聊天高手，而非有影响力的沟通者。但若能进一步学习在不同情境下表达清晰、有洞察力的观点，那么这种沟通能力就能转化为强大的说服力和领导魅力。

这种转化过程需要自我认知和主动学习，尤其是在面对跨领域的挑战时。正如我们在"春耕思维1"中所提到的，一切都要从认识自身本质开始。我们不仅要知道自己是谁，还要了解如何将自身的优点发挥到极致。这样的转化不仅能帮助我们在职涯中脱颖而出，也能在面对人生各种挑战时，更加游刃有余。通过持续的自我提升，我们的优点将不再只是个人特质，而是推动我们达成目标的强大力量。

春耕思维 3：发展螺旋式职涯，进入人生的第二曲线

"螺旋式职涯"强调职业的多次转变和升级，每次转变都不是回到原点，而是基于已有的经验和技能，向更高的职涯层次发展。这种模式强调灵活性和适应性，使人不断进步，能力逐步提升，不断拓展知识和技能范畴，实现跨领域的职涯发展。

以下是螺旋式职涯的 4 个特点。

1. 认识自己——识别核心优势与使命

了解自己的个性、特质，以及过去积累的经验与能力，是识别自身优势的基础，这些优势可能包括沟通能力、逻辑思考力和工作效率等。此外，发现内心深处对某一领域的热情，往往成为职涯发展的重要驱动力。例如，对教育、金融、科技等领域的热爱，能推动我们迈向新的职业方向。

2. 制订短期计划——探索新领域、抓住机会

基于现有经验向外延伸，进入新的领域。例如，从事设计的人可以转向创意教育领域，运用设计思维来教授学生。这样的转变相较于从零开始

更具优势，因为它结合了专业经验与新领域的需求，迅速创造出独特价值。短期目标应着重于抓住当前机会，快速适应新环境，并在新领域中站稳脚跟。

3. 制订中期计划——整合专长、深化能力

在短期探索新领域的基础上，中期计划应集中于整合既有专长与新学到的知识。将过去的经验应用于新工作中，提升表现。同时，持续深入学习新领域的专业知识，并与既有技能结合，进一步增强专业能力与职业竞争力。这一阶段的重点在于深化发展，不仅站稳脚跟，还要实现更高的职业目标。

4. 制订长期计划——螺旋上升的职涯发展与影响力发挥

在短期与中期计划的基础上，通过持续学习与实践，逐步迈向职业巅峰，例如成为某一领域的专家或领导者。每个阶段都基于以往的经验与成就，不断提升自我，实现螺旋上升的职业发展。达成职业目标后，将经验与知识转化为影响力，对所属领域或更广泛的社会产生积极作用，这包括培育下一代、推动行业进步，或以其他方式为社会作出贡献，实现更深远的使命与影响力。

因此，采取螺旋式职涯发展的策略，并重视那些微小而持之以恒的行动，不仅能帮助我们在每个职涯转变中逐步提升自我，还能在竞争激烈的职场中脱颖而出。这种长期的坚持和累积，最终会成为我们职业成功的重要推动力。

正如《长线思维》的作者多利·克拉克（Dorie Clark）所说："我们经常低估了那些微小而持之以恒的行动对职业生涯的影响。"事实上，许多人不愿意投入精力去做那些没有确定回报的事情，而这正是我们可以利用的竞争优势。

春日漫步在花莲的春耕田埂旁，稻田、山脉与蓝天相互辉映，景色美不胜收

春耕的故事

从广告业主管到蒙氏教育工作者

"中场新起点"课程中有位学员名叫 Yolanda，她在广告公司工作了13 年，是个事业心强烈的主管。年轻时，她全身心投入工作，习惯于长时间拼搏。然而，当她有了两个孩子后，开始感到力不从心。Yolanda 一方面希望在职场上保持高效率和良好表现，另一方面，她也渴望能多花时间陪伴孩子。然而，现实让她在家庭和事业之间不停拉扯，陷入两难。

广告公司的高压工作环境使 Yolanda 感到喘不过气来。她曾尝试换到另一家公司工作，但加班情况更加严重，家庭和事业的平衡问题依然无解。她被困在家庭与事业的两难抉择中，压力让她倍感焦虑和无助。

在"冬藏"时期，Yolanda 静心深思，重新审视职业道路。除了对广告业充满热情，她在养育孩子的过程中，逐渐对蒙氏教育产生了浓厚兴趣，并深刻认识到蒙氏教育对孩子一生的深远影响。她萌生了转换职涯的想法，但这并不容易，因为这意味着她必须放下多年积累的广告营销经验和高薪工作，这一冒险让她一度陷入深深的挣扎。

直到参加"中场新起点"的职涯测评后，Yolanda 惊讶地发现自己具备"冒险精神"和"勇于创新"的特质。这让她感到不可思议，因为从小她的原生家庭就灌输给她追求稳定的观念，一直以来她都避免冒险，选择稳妥的路径。进入职场后，每次跳槽或决策，她都依赖理性分析来衡量得失。

通过职涯测评，Yolanda 确认了自己对教育怀有深切的使命感。她渴望"帮助下一代更好地成长，并陪伴孩子们的成长"。这份对孩子和教育的热爱，成为她的核心价值观，也是她决心转换职涯的强大驱动力。

在自我探索的过程中，Yolanda 发现当地的一所蒙台梭利学校正在招聘营销人员。尽管这份工作的起薪不到她广告公司收入的 1/3，她仍决定接受挑战，将过去在广告行业的经验运用于这个新领域。

这是一项长期而深远的投资。Yolanda 先加入蒙台梭利学校担任营销人员，在工作中逐步学习蒙氏教育的理念与方法，同时考取相关教师资格证书。

Yolanda 拥有出色的沟通能力，她将这样的优点转化为优势，不仅能清晰地表达教学理念，并运用同理心与学生和家长建立良好的关系。此外，她将在广告营销中学到的效率管理和数据分析技能应用到教育领域，将过去的经验转化为新领域的优势，根据学生的学习表现调整教学策略，有效解决教学问题，从而成为一位出色的教育者。

最终，Yolanda 成功转型为蒙氏教育老师，不仅提升了专业能力，也实现了薪资倍增。这段螺旋式的职涯发展，让她在职业生涯中找到了新的方向和成就感。她不仅在专业领域取得成功，还在家庭中找到了更多平衡，成为一位真正有影响力的教育者和母亲。

  Yolanda 的故事告诉我们，在人生的"春耕"季节里，只要愿意探索自身的能力和特质，勇敢追求热情，就能在新领域中找到发展机会。通过持续学习和成长，我们可以实现职业与个人价值的提升，迎来人生的丰收。

春耕练习 Tips

1. 重新定位自己，盘点优势、价值观

- 了解自身特点与优势，认识自己的能力和特质。

- 发现内心深处的热情，找到自己的价值观和使命，成为前进的动力。

2. 将优点转化为优势

- 每个人都有独特的优点，找到自己的特长并加以培养。

- 将优点转化为可以帮助达成目标的优势，例如，善于沟通的人可以发展成为有影响力的领导者。

3. 发展螺旋式职涯

- 制订短期计划：利用现有经验探索新领域，抓住机会。

- 制订中期计划：在新的工作中结合过去的经验，不断提升专业能力。

- 制订长期计划：通过持续学习和实践，逐步达成职业目标，发挥自身的影响力。

第7章

夏锄篇

走过"春耕"欣欣向荣、万物复苏的季节，在这段日子里，我们已经撒下种子，梦想的小苗正在茁壮成长。接下来，我们要迎接"夏锄"。

生活就像夏日的锄头，无论面对多少荆棘与困难，都要坚持不懈地前进。每一次挥动锄头，都是在开拓未来；每一次挥汗如雨，都是在浇灌梦想。

夏锄思维 1：除去不要的，留下永恒的

当我走在西班牙的路上，出发前忐忑不安，心里小剧场不断：我真的能走完这 180 公里的旅程吗？万一下雨、受伤，或者脚力走不动怎么办？这些限制性思维在脑海里挥之不去。

许多人认为，徒步是身心灵锻炼的开始，不仅要克服徒步挑战、磨炼身体极限，还要进行"心的割礼"①。尤其在出发前，我们总是思考太多、准备了太多，结果这些备品反而成为旅途中的负担。于是，学会"断舍离"反而成为旅行初期的重要课题——先从整理背包开始，只能带 10 公斤以内，把不重要的东西一一丢弃，只留下有价值的，才能真正享受旅程。

人生的"夏锄"也是如此，我们常常想要太多，但哪些才是优先级最高的？不重要的、负面的、苦毒的、令人伤心迷惘的，就放手吧，原谅吧，停止内耗吧！只留下生命中有价值的东西。断舍离后，我们会发现身心变得轻松，更能以有效、健康、喜乐的态度面对人生。

文艺复兴时期，米开朗琪罗用了 4 年时间，雕刻成举世闻名的《大卫像》。当朋友问他如何雕出如此栩栩如生的作品时，他轻描淡写地说："大卫本来就在这块大理石里面，我只是把不属于大卫的石块凿掉罢了！"原来，去掉不必要的，才能显现出真正永恒的美，"夏锄"的影响力由此可见一斑。

Wendy 是一位大学副教授，每次评鉴都全力争取最佳成绩，并积极推动政府和高校合作。她每天通勤时间长达两到三小时，且多年来每周六还要教课。作为单亲妈妈，她既要照顾两个青少年孩子，又得不断学习新事物。多年来，Wendy 一直处于忙碌、盲目、茫然的状态。

一场严重的车祸让 Wendy 昏迷了 31 天。醒来后，她参加了中场课程，发现自己需要重新审视人生。她决定卸下大学主任职务及政府合作案，让自己不再那么忙碌，而是专注于真正有意义的事。Wendy 开始专心撰写专题研究报告，迈向教授之路。同时，她也留出了更多时间陪伴孩子，支持他们举办关心社会创新的活动，并成功陪伴孩子顺利推甄进入东吴大学政治系。

对 Wendy 而言，这次生死关头后的重新评估，如同重启了人生。她不

———————

① 心的割礼是指内心深处的改变。这种内在转变强调内心的纯洁、诚实与核心的改变。

再让自己陷入忙碌，而是学会专注于有永恒价值的选择。

夏锄思维 2：磨难产生韧性

英伟达的 CEO 黄仁勋在斯坦福大学的演讲中强调："成功不是来自智慧，而是来自性格，而性格是经历苦难所塑造的。"他分享了自己年轻时期当清洁人员的经历，他曾扫过厕所，也当过洗碗工。黄仁勋向听众传达的信息是，"想成功得先承受苦难"，以及"培养生命的韧性"。

乔布斯在斯坦福大学的毕业典礼上也提到："你不能只依靠过去的成功，你必须不断创新。"他展现了非凡的韧性，从挫折中重新站起来，剔除失败因素，再次创业。即使曾因权力斗争被迫离开岗位，乔布斯依然抓住机会重返公司，再创事业高峰。

这些成功人士的故事告诉我们，人生无可避免会遇到生命低谷，但他们不让失败定义自己，而是通过除去限制性思维，并以不被打倒的韧性重新调整方向，努力耕耘，当时机成熟时，便能一跃而起。

夏锄思维 3：除去限制性思维

我在法国普罗旺斯旅行时，曾参观勃艮第著名的葡萄酒庄。庄园主人告诉我们，葡萄酒之所以值钱是因为这些百年葡萄树经过多次修剪。葡萄树不是长得茂密就好，而是要修剪到没有一点杂枝，确保葡萄的养分不被其他枝叶吸收。品质好的葡萄，其质量取决于老藤、品种、不断修剪，以及适当的土地和气候条件等。因此，越是经过修剪的葡萄，质量越好，价值越高。夏锄思维也是如此，积极除去"限制性思维"和干扰我们成功的因子，才能结出美善、甜美的果实。

"限制性思维"是我们内心深处坚固的信念，对自己、对世界或对未来的固定看法，这个框架有时会限制我们的思维、行为、选择和生活习惯。这些信念可能源于过去的经验、教育、家庭或文化背景，是形成我们认知的重要因素。

常见的限制性信念包括：

自我价值感受： 认为自己没有能力和价值、不够聪明、不够好、无法应对挑战、无法做成功、无法被爱等，甚至连完美主义也可能成为限制性思维。

固定性思维： 认为基本的才能、智力和特质是固定不变的思维模式。这种思维可能导致自我设限、逃避挑战、害怕失败、抗拒改变、一直产生内耗，并且容易因挫折而放弃。

命运论： 相信命运会让人产生宿命感与无力感，觉得自己无法控制外部环境，无论多努力或做出多少选择，结果都有限，从而降低了自主性与积极性。

这些信念对自助式人生的影响在于，它们可能限制我们创新发展、寻找机会、跨出舒适圈、挑战自我，甚至阻碍我们学习新技能或改变不健康的行为模式。在面对困难时，这些限制性信念可能让我们更容易灰心丧志，并影响我们对自己和他人的期望。

在自助式人生的夏锄阶段，我们必须有意识地觉察并转化限制性信念，培养成长型思维，这将帮助我们更好地适应变化、发现新机会，持续提升自我，并充满信心地面对未来的挑战。

夏日夕照时，常于海音馆附近漫步，除去纷扰，尽情享受当下的宁静

打破限制性思维，走向卓越人生

年轻充满抱负的David原本计划完成博士学位，但漫长且不确定的求学过程让他感到沮丧，最终他决定放弃读博士，转而投入企业工作，寻求另一种成就感。

在公司担任销售管理、培训工作期间，David对自己要求甚高，并因过量工作而长期加班，导致身心俱疲且感到不快乐。两年下来，工作并未给他带来真正的满足感，因为他不懂得为工作和生活设立界限，逐渐感到枯竭与迷茫，并开始思考是否应该去再完成博士学位。

后来，David 加入一家公司担任特助。由于老板非常专业且经验丰富，他在工作中小心翼翼，总希望能有好的表现以获得老板的信任。然而，David 给自己过大的压力，总觉得自己不够好，不敢过多表现自己。尽管如此，他在协助营运和与厂商沟通方面仍相当敬业。

夜深人静时，David 常因为对自己的表现不满意而感到不快乐。他对完成博士学位的渴望依然强烈，但自我怀疑和完美主义使他陷入纠结与内耗，过去失败的经验也让他感到痛苦。

后来，David 参加了中场课程，通过测评接纳了自己谨慎细心、认真负责的性格，并发现自己对教育和设计工作充满热情，只是不知道如何开始。他经常因觉得自己不够优秀而缺乏自信，陷入不快乐和踯躅不前的状态。

我鼓励 David 参加卡内基课程，以增强自信，勇敢表达，保持正向思维，寻找更多成就感。在一次课堂上，David 分享了自己曾经获得红点设计奖并前往新加坡领奖的经历，那是我第一次在他身上看到如此自信的光芒。

David 后来发现无法肯定自己的原因，是他总觉得没拿到博士学位，工作上也没有成就，父母一定对他感到失望。

为了帮助 David 克服这些限制性思维，我邀请他的父母一起聊聊。我问 David 的父亲："你心目中的儿子是怎么样的？"

他父亲回答："我的儿子做事非常认真，总是想把每件事做到最好。我们知道他是一个听话孝顺、追求卓越的孩子，不论是否取得博士学位，我们都为他感到骄傲。"

这是 David 第一次公开听到父亲如此称赞自己。他原以为没拿到博士学位、没有成就会让父母失望，却发现父母其实非常重视他，并鼓励他放轻松，不要给自己过大压力。父亲的肯定与拥抱，让 David 释放了心中的重担。

然而，David 对自己的能力仍然缺乏信心，特别是在考虑继续完成博士学位时，他担心因脱离学术界一段时间而无法完成学位。他的完美主义源于对自我价值的怀疑，总认为必须做得更多才能成功。

想要除去"完美主义"的限制性思维，关键在于开始接受"尽力就好"的理念，不再要求事事完美。

为了打破这些思维限制，我引导 David 采取了以下步骤：

1. 写下限制性信念：

- **我应该**：我应该成为父母眼中优秀的样子。
- **我必须**：我必须证明自己是有能力的。
- **我一定要**：我的论文一定要写好，不能再放弃。
- **我不能**：我绝对不能让家人亲友失望。

2. 觉察并转换：将自己从负面情绪中抽离，转向正面积极的思维。

3. 替换信念：将"我应该、我必须、我一定要、我不能"这些压力源，替换为"我尽力就好"，专注于过程而非结果。

4. 采取新的行动：David 选择在担任特助的同时，利用下班时间继续学术研究，开始撰写期刊论文。

在撰写期刊论文的过程中，David 遇到许多困难。过去他总是想着凡事自己完成，不愿麻烦别人，但这样的埋头苦干并不见得有效。此时，他学会了拿出卡内基精神，主动寻求协助。结果，他出乎意料地得到了慷慨的帮助，加速解决了期刊投稿问题。最终 David 成功取得博士学位，并且在指导教授的大力推荐下，获得了前往海外知名大学进行研究的工作机会。

这对 David 来说，是个意想不到的巨大转变，他从未想过自己能够重返学术研究，但靠着学习"夏锄"精神，他成功摆脱了限制性思维，最终走向了自己真正热爱的学术、研究和教职生涯。

"夏锄"思维告诉我们，要积极去除限制性思维，让生命中的美好显现，在磨难中养成韧性，才能不断前行，迎接更美好的未来。

夏锄练习 Tips

1. 除去不要的，留下永恒的

在人生的旅途中，我们常常背负着许多不必要的负担。学会"断舍离"，专注于生命中的重要部分，活出真正的价值。

2. 磨难产生韧性

- 成功的秘诀不仅在于智慧，更在于性格，成功来自于承受苦难和培养坚忍不拔的韧性。

- 经历磨难后，重新调整方向，是成功的关键。成功人士不让失败定义自己，而是因着坚忍不拔的努力和反思，除去失败因子，最终获得成功。

3. 除去限制性思维

- 觉察内心的限制性思维、从情绪中抽离，是除去限制性思维的首要关键。限制性思维会阻碍成长和创新，而除去这些思维可以帮助我们实现更大的成功。

- 培养成长型思维，挑战和重新定义信念，采取新的行动，实现丰富多彩的人生。

第8章

秋收篇

我曾经在深秋时前往台东池上，观看"池上秋收稻穗艺术节"的云门舞集表演。在这个丰收的季节，整片金黄色的稻浪随风起伏，与舞者们的舞动相互呼应，舞者们赤足踩在广阔的土地上，每一步仿佛都在诉说大地的故事。观众不仅能感受到大地的温度，还能体验到生命的脉动。每一次的旋转、跳跃，每一个动作，都与大地共鸣。

在这片广阔的稻田中，金黄饱满的稻田与云门舞集的表演交相辉映，令人不禁赞叹秋季的丰收。这不仅是对农民劳动的赞美，也是对土地和自然的深厚情感的致敬。这段舞蹈既是一场视觉的飨宴，更是一场心灵的洗礼。

舞集表演展示了农民如何在冬季储备最佳的种子和农艺，在春季耕作时祈求良好的天气和阳光，以确保种子发芽与成长。农民们在炎热的夏天辛勤地除虫、施肥、除草，就是为了迎接秋天的丰收。这场云门舞集的表演象征着人们与大自然合作，共同庆祝丰收的节日。

隔天，池上开始了收割，这种感恩丰收的仪式感，也让我们重新思考人们在冬藏、春耕、夏锄、秋收四个季节中的关系。

我想起在瑞士的采尔马特，搭乘缆车短短 33 分钟内，就能经历四季的变化。这段奇妙的旅程从温暖的山谷开始，春天的气息扑面而来，花朵盛开，草地翠绿。随着缆车慢慢上升，夏季的景色展现，阳光灿烂，山间的小溪潺潺流淌。继续攀升，秋天的色彩逐渐展现，树叶变黄变红，空气中充满丰收的气息。最终到达山顶，冬季的寒冷和雪景映入眼帘，纯白的雪地如银装素裹。这 33 分钟的旅程，就像经历了一整年的四季变化。

人生也是如此，只要掌握冬藏、春耕、夏锄、秋收的四季螺旋思维，就能灵活运用四季的转化，甚至在一天之内达成最佳成效。

举例来说，我的学员 Ruth 和她的丈夫 Elvis 原本是一对从事媒体专业的夫妻。为了给孩子一个好的成长环境，他们决定移民加拿大。然而新移民的生活比想象中辛苦，Elvis 希望妻子能够分担经济压力，但 Ruth 却认为首要任务应该是陪孩子适应新的生活环境。观念的差异，导致夫妻频繁争吵、经常冷战。

在我的建议下，Ruth 决定学习运用**"一天的四季思维"**来寻求解决办法。

Ruth 首先肯定丈夫的责任感，同理他对新生活的恐惧，并邀请他为目前拥有的一切感恩，进入"冬藏"阶段，怀抱盼望一起探索未来的计划。她运用"夏锄"思维，帮助丈夫去除"只能依赖一份死薪水"的限制性思维。接着，夫妻俩运用"春耕"思维，共同盘点自身的优势和资源，探索兼职或增加被动收入的可能性，并在家庭中平衡对孩子和彼此的关心。

因着妻子的智慧和同理，丈夫逐渐打开心结，夫妻关系也因此变得更加亲密，两人心灵合一，仿佛看见共同创业的美好前景，这正是"秋收"

的甜美滋味。

通过这个案例，我们发现，当沟通不顺或面对困难时，往往会陷入困境。然而，随时切换四季思维，就能帮助我们找到更好的解决方案，迈向丰盛倍增的人生阶段。

那么秋收思维，应该具备哪些思考面向呢?

秋收思维 1：四季循环与"上帝的公式"

自然界的四季循环非常奇妙，每个季节都是前一季的延续与增长。除了季节循环之外，自然界中也充满了循环、累积与增长的智慧。被称为"上帝的公式"的斐波那契数列，由于其在自然界频繁且神秘地出现，似乎揭示了隐藏在自然现象背后的数学规律与和谐。

斐波那契数列（Fibonacci sequence）是一个著名的数学序列，从 1 开始，每个数都是前两个数之和，即 1，1，2，3，5，8，13，21……这个数列在自然界中广泛存在，如花瓣数量、树叶排列、向日葵的螺线、松果与贝壳的螺旋纹路、蜜蜂群体的增长、兔子的繁殖，甚至台风、飓风和银河的螺旋结构……体现了宇宙万物的自然比率。斐波那契数列象征着和谐与平衡，并展示了自然界中不断渐进、积累与倍增的美。

斐波那契数列呼应了我们在人生中每一步努力和进步的过程。在四季循环里，我们可以看到斐波那契数列的影子。每一个季节都是前一季节的延续和发展，冬藏的积累、春耕的开始、夏锄的努力和秋收的丰产，都是逐渐积累和渐进的过程，最终形成了一个和谐的整体。

斐波那契数列和建筑中的黄金比例都与美学和结构上的和谐息息相关。高迪设计的圣家堂（Sagrada Família）是一个很好的例子。我曾经前往圣家堂，登上穹顶的过程中，经历了一连串螺旋式阶梯。这些阶梯运用最小的空间来提供上升通道，其螺旋形状营造出一种令人惊叹和沉浸的空间感受。登上穹顶的过程本身就是一段灵性旅程，让人深刻感受到与神性的接触。这让我联想到犹太人将人生比喻为"不断上升"的旅程，这与斐波那契数列的概念有异曲同工之妙。

秋收思维 2：犹太人螺旋上升的时间观

聪明的犹太民族，不仅季节的次序与其他民族不同，生命与时间观念也独具一格。例如，希腊人认为人生是一个线性的叙事，而犹太人则视时间是生命与信仰不断螺旋上升的过程。犹太人的这一观念体现了一种独特且深远的哲学视角，强调每个周期中个人和社会都能在原有基础上不断提升。

螺旋上升的时间观融合了历史的重复性与进步的可能性。在这个观点下，生命是重复、循环的，但每次重复都在更高的层次上进行，这意味着新的进步和提升，带来对生命新的理解和赋予生命新的意义。

过去的成功、荣耀、财富，或是失败、羞辱、负债等，都是自助式人生不可或缺的经历。人生中没有绝对的完美和永远的高绩效。成功与失败是人生旅程中不可分割的重要元素。接受这个事实并理解生命四季的运作真理，我们能更加坦然且充满希望地向前迈进。

因此，我们可以从"四季思维"延伸到生命"螺旋上升"的思维，对生命产生更深的理解。每当人生遇到重大挑战或抉择时，都是一次反思和自我提升的机会。我们可以站在先前积累的高度上继续螺旋向上攀爬，通过不断自我反省和改进，积累每次的努力，朝着目标迈进。

四季的循环、斐波那契数列和犹太人的螺旋上升时间观，展示了自然界和人类生活中的循环和累积。人生并非直线前进，而是在循环中不断进步。

现代年轻人追求财务自由，但往往因未达成目标而感到焦虑，甚至放弃努力。然而有一项调查显示，对大多数人而言，40岁以后赚的钱占总财富的85%到90%。只要通过不断地投入、努力耕耘和再投资，财富会以指数级的速度增长，这需要长期的努力和耐心。

复利效应对人生的影响也是如此，每次的投入和再投资都是未来成功的基础。相信自己的潜力，坚持努力，最终会收获丰硕的果实。

秋收思维3: 善的正向循环带来持续的幸福

日本航空前董事长稻盛和夫曾表示，企业经营应该以利他为核心。他提出了著名的"人生与工作成功方程式"

"人生与工作成功方程式" =

思维方式（−100 ~ 100）× 热情（0 ~ 100）× 能力（0 ~ 100）

稻盛和夫认为，在这个方程式中，最重要的变量是"思维方式"，因为能力和热情的得分范围是"0~100"，而思维方式（负向 / 正向）的范围则是"−100到100"。我们的思维中如果缺乏爱与利他精神，思维的变量会变成负值，变得自私自我。而热情和能力这两个变量也会沦为利己的工具，导致人生失去幸福感，难以持久。

在我们的人生中一定会遇到积极正向和消极负面的事情，这些事情会影响我们的心态和行动。因此，以利他的心态过人生、经营企业，可以增强成就感和幸福感，并在收获季节获得回报，对自己和他人都有利。稻盛和夫认为，若想长远发展，获得物质与心灵的丰收，无论是个人还是企业，唯有极致的利他才是最佳选择。

因此，在秋收的季节，我们要怀抱以下三种心态，才能在未来的旅程中持续成长和收获。

1. **爱人如己的思维**：利他、良善加上热情与能力，使秋收季节不仅能满足短暂的物质快乐，也能通过无私地帮助他人、创造美好时刻而得到心灵上的富足，实现双赢和持久的影响力。

2. **热情与能力**：秋收的成功源于我们在冬藏、春耕和夏锄时投入的热情与能力，这些因素在善的循环中起着关键作用，推动我们迈向成功。

3. **长期主义**：通过每一个季节的省思与行动，总结经验教训、发展长期主义，我们能在人生和工作中走得更远，为未来的螺旋上升奠定坚实基础。

秋季的丰收源于每个季节的努力：冬藏、春耕、夏锄。在这个过程中，我们可以检视自己是否在每个阶段中发挥了影响力，从而享受更甜美的果实。

秋日，弟弟记录下我走在自助式人生的道路上，迎接丰收的季节

从死荫幽谷到生命的螺旋上升

Sophia 是银行的一位资深员工，多年来在高压环境中工作，追求完美和效率，不容自己犯错。这样的个性使她积累了大量的负面情绪。2021 年底，Sophia 的心脏开始出现问题，翌年 5 月，她被诊断出巧克力囊肿，肿瘤已达 4.2 厘米。两个月后，她又被确诊为二期肺腺癌。接踵而来的打击和化疗的痛苦让她陷入深深的忧郁，甚至萌生轻生的念头。

后来，Sophia 参加"中场新起点"课程。在"冬藏"阶段，她开始安静地思考生命中的问题，觉察到自己长期以来过于紧张和负面的情绪，完全看不到自己的优点。在这一阶段，她梳理了自己的人生，发现从小对金钱匮乏的恐惧，导致她相信"不努力就会没钱""没有工作就没有价值"。这些信念使她虽然拼命工作，力求表现，但因未活在正向循环中，最终失去了快乐、健康和自我。

进入"春耕"阶段，Sophia 开始认识自己，发挥自身优势。通过课程帮助，加上卡内基的正向思考，Sophia 逐渐建立了信心。她明白过去的成长经验虽然带来负面影响，但也可以转化为正向积极的思维。她意识到，唯有如此才能真正夺回人生的主导权，否则即使离职，也无法用正面的态度面对人生的挑战。

在"夏锄"阶段，Sophia 通过中场一对一教练的引导及学长的陪伴，开始去除限制性思维，逐步建立正向思维模式。她计划重回职场，改变自己面对事物的心态、人际应对模式及工作方式，找到自己喜欢的事（如学习使用 AI 和陪伴儿童成长）。这一转变为她的家庭和工作带来正向且丰富的影响力，她迎来积极乐观的新人生。

Sophia 不仅改善了身体状况，还与孩子们和解，改善家庭关系。她也主动感恩丈夫、公公、婆婆在她人生低谷时给予的支持。

通过这次人生的梳理，Sophia 成功走出严寒的"冬季"。在"春耕"和"夏锄"的过程中，她为自己重新设立目标，去除限制性思维，从完美主义转变为乐观积极，从忧郁悲观转向热情拥抱生命。如今，她不仅实现了个人成长和幸福，也为周围的人带来了积极的影响。通过利他和正向循环，她收获了丰硕的成果，这种思维方式让她在生活和工作中走得更远、更稳、更有意义，进入了生命的螺旋上升，活得更加精彩和自由。

所以，朋友们，不要对现状灰心丧气。我们的每一份努力、每一滴汗水，都是未来成功的基石。只要把握四季原则，无论我们正处于哪个阶段，坚持梦想，不懈奋斗，通过复利循环累积，我们的未来将充满无限可能，带来生命的螺旋上升。

结语

通过四季思维，我们可以进入从快到慢的"冬藏"，学会在安静中沉淀、积蓄能量；在"春耕"中，发现自身潜力，把优点转变为优势，培育新的技能；在"夏锄"阶段，学会将挫折转化为机会，从困难中找到成长的契机；最后，在"秋收"中，我们从自利转向利他，利用爱人如己的循环带来双赢。

当我们熟悉四季思维后，就会带来生命的螺旋上升。这种上升思维正是我创办"中场新起点"的核心理念，旨在为人们带来有意思、有意义且更长远的目标和积累，从而创造有意象的人生。接下来，"614 人生导航工具"中的 6 种重要工具将帮助我们更有效、自在地走向自助式人生的目标，航向属于我们的生命北极星。

秋收练习 Tips

1. 生命螺旋上升力

- 四季循环、斐波那契数列和犹太人的螺旋上升时间观，展示了自然界和人类生活中的循环和累积。人生并非直线前进，而是在循环中不断进步。

- 成功与失败都是人生旅程中不可或缺的。接纳这些事实，我们会更加坦然地面对未来的挑战和机会。

- 冬藏的积累、春耕的开始、夏锄的努力和秋收的成果，都是积累和渐进的过程。

- 通过复利效应，每个阶段的投入和再投资都是未来成功的基础。

2. 爱人如己的正向循环带来持续的幸福

- 利他、良善加上热情与能力，使秋收季节不仅能满足短暂的物质快乐，也能借着无私帮助他人、创造美好时刻而得到心灵的富足，实现双赢和持久的影响力。

- 秋收的成功源于我们在冬藏、春耕和夏锄时投入的热情与能力，这些因素在善的循环中起着关键作用，推动我们迈向成功。

- 通过每一个季节的省思与行动，总结经验教训、发展长期主义，我们能在人生和工作中走得更远，为未来的螺旋上升奠定坚实基础。

人生的旅程不可能永远是完美的，也不可能没有挑战和风浪。期待外在环境的完美，只会让我们陷入无尽的等待和失望。唯有自己站起来，掌握思维能力和工具，才能真正掌握航向。

六种工具篇

六种工具篇

现代人因为多变的职场环境，容易对职涯发展和未来感到迷茫和焦虑。"我对职涯感到困惑，应该如何选择？""是否要换工作？""我的工作价值在哪儿？"很多人渴望得到明确答案。

但世界上没有人能立即给出我们正确答案。有时候，面对生命瓶颈，我们需要的是突破的勇气、教练的陪伴，以及实用的导航工具来帮助我们前进。

本书的目的就是帮助我们运用书中的工具，梳理思路，厘清人生中最重要的优先次序，使我们能够找到答案，成为自己的生涯设计师。通过给自己花时间，运用这些工具厘清困惑，勇敢地面对生命深层的问题，带着希望迈向突破。我们可以成为自己生命的教练、导游和导演，为未来设计出更加幸福、精彩的人生。

相信我们读到这本书并非偶然，也许此刻正处于迷茫或人生中场的转折点。通过三意人生观、四季思维和 6 种个人生导航工具的内省与学习，我们能在职业生涯中实现持续的成长与超越。

3 种人生观：锚定人生航向的指引

在前几章中提到，摆脱迷茫的第一步是探寻属于自己的"三意人生"，找到有意思、有意义、有意象的人生观。这一步强调三个核心要素：

- **有意思**：探索和创造生活的乐趣，让生命变得有趣和充满希望。

- **有意义**：厘清生命中的优先次序、价值和意义，才能超越眼前的困难，坚持朝向有意义的目标前进。

- **有意象**：持续聚焦于目标。想成为什么样的人？在人生宝藏盒中，最有价值的事物是什么？完成哪一件事会让你此生无憾？

找到属于自己的三意人生观，锚定终极目标，确立生命的北极星。同时，坚持去爱也能帮助我们确立人生的方向。

4 种思维螺旋上升：盘点生命季节并迈向未来

在确立三意人生观后，我们可以使用"四季思维：冬藏、春耕、夏锄、秋收"来分析自己处于哪一个阶段，并运用相应的思维向前迈进。这有助于我们更好地应对职涯的挑战，不断积累，实现螺旋上升。

- **冬藏**：积蓄能量和内省的阶段。在这个阶段，我们可以思考、反省和学习，为未来的发展做好准备。

- **春耕**：认识自我、播种和计划执行的阶段。在这个阶段，我们可以根据自己的能力和优势，制订职涯发展计划，开始新的行动。

- **夏锄**：努力工作和持续改进的阶段。在这个阶段，我们需要不断提升自己的能力，克服外在困难和内心的限制性思维，实现职涯目标。

- **秋收**：收获和反思的阶段。在这个阶段，我们可以总结自己的成长经验，庆祝目前的成果，并思考如何产出30倍、60倍、100倍的好成效。

通过四季思维，我们在人生每个阶段中持续成长、超越和循环，实现职涯发展的螺旋上升，达到更大的成就。

在探索三意人生观与盘点四季思维时，我们需要运用下面介绍的 6 种工具来帮助自己走向生命的上行之路。

6 种人生导航工具：成为自己生命的教练、导游、导演

跟随本书的"614 人生导航工具"以及每一章的练习题，我们将更了解自己的过去、现在与未来，让我们在上行的路上少走弯路，更有效地突破眼前难题，发挥自身优势，全力以赴，高效航行。

工具一：认识自我 GPS

你知道自己的人格特质、个性、兴趣、能力和价值观吗？通过专业测评工具和一对一咨询，我们可以了解自己在哪些领域有天赋和热情，为未来的职涯发展提供参考。这些工具帮助我们收集自己的生命大数据，客观了解自己的优劣势、价值观，从而规划出适合自己的精彩人生。

工具二：八福循环

"八福循环"代表 8 项人人渴望成功和幸福的目标，但我们常常顾此失彼，导致人生失衡。

通过检测工具，我们可以更深入了解自己的"八福循环"状况，调整时间分配和优先次序，或是强化常被忽略的重要面向。

横向的八象征着无限，意味着在不同人生阶段和处境中，需要不断调整对这 8 个方面的关注，帮助我们找到适合自己的自助式人生节奏。

工具三：人生大数据

想在变动中找到稳定，必须多读历史，少看预测。历史帮助我们找到恒常不变的准则。通过"人生大数据"工具，让我们回顾生命中的重要旅程，从高低循环的轨迹中找到重复的模式，看见自己的优势、劣势与盲点，积极地开始设定下一个 10 年的自助式旅程航道与三意人生愿景。

工具四：八福贵人树

人生中会遇到许多长辈和朋友，如何让他们成为我们生命中的贵人，而不是过客？我们需要识别贵人、栽种贵人树，并联结贵人网络。贵人可引领我们方向，帮助我们成功。

贵人可能成为志同道合的事业伙伴；贵人是我们打拼的后盾；贵人可指点我们财务变丰盛，影响我们的健康和生活质量，并启发我们对信仰和人生使命的追求。

与贵人们拥有幸福和谐的亲密关系，人生将变得更有意思和有意义。

工具五：ABC 解惑方程式

在我们的一生中是否曾走过许多冤枉路，或在迷惘中转圈不知道该如何突破卡点？从起点 A 到达目标 B，我们需要同行的教练，发挥潜力，挪去眼前的干扰障碍和思维限制，看到从未想过的未来美景。人生中场，我们都需要这样的教练（贵人），帮助我们创造生命或职涯的新起点。

工具六：生命螺旋上升力

通过以上五种工具的专业测评、梳理、觉察和调整，我们从希腊直线叙事高低点解读幸福成功的人生曲线，转向犹太人上行哲学——螺旋上升力，用新角度看待人生的每个重要阶段。

每个低点的挑战，都是为迎接高点的突破而预备。生命螺旋上升力使我们充满盼望，期待未来的 10 年，直至找到生命的北极星。

以上 6 种工具在四季思维的不同阶段中灵活应用，帮助我们实现生命螺旋上升，成为自己的教练、导游和导演，打造成功和幸福满足的人生。

接下来，就让我们一起深入了解这六种工具的具体运用，探索如何在实践中掌握它们的力量。

第9章
认识自我 GPS

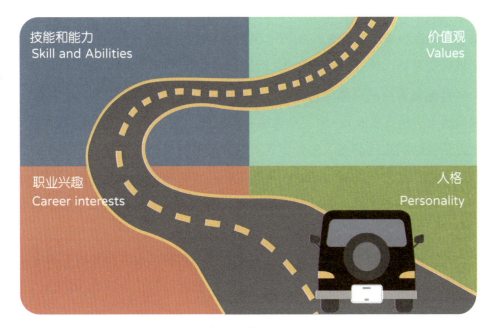

技能和能力
Skill and Abilities

价值观
Values

职业兴趣
Career interests

人格
Personality

认识自我GPS

2024 年，我和老友挑战了一趟意大利深度自助之旅。我们从托斯卡尼开车一路北上，目标是以崎岖地形、壮观海景及五彩斑斓房屋闻名的五渔村。这个美丽多彩的小渔村以令人赞叹的海景著称，地处陡坡悬崖，夕阳景观格外迷人。

由于对当地路况不熟，我们行车 300 公里中迷路了好几次，甚至差点逆向上交流道。幸好对面那个意大利人开窗提醒我开错了方向，才避免了更大的危险。

行过一连串陡峭悬崖边的山径小道后，我们终于抵达五渔村民宿，正准备放松庆祝时，却意外得知几天后的下一个行程——卢卡古城即将举行欧洲自行车大赛，可能会封路，我们必须提前出发。这又引发了一系列挑战：如何搬运每人 30 公斤的行李？如果再迷路，无法提早抵达，被困在城外怎么办？

还好我急中生智，赶紧拜托五渔村民宿老板娘帮忙，她找了一位壮汉来协助搬运行李，我也联络了卢卡民宿老板在城外的停车场接应，在诸多临机应变之下，我们顺利解决一切问题，提早安然抵达卢卡古城。

自助式旅行虽然突发状况多，花费不见得比跟团少，但却能带我们去到跟团无法触及的地方，看见令人惊喜的风景，经历多姿多彩的生命体验，这也是自助式旅行的迷人之处。其实，每次的突发状况，都可以反映出自己的个性、能力和优势。例如，我的个性富冒险精神，点子多且有创意，这些优点在旅行中发挥了重要作用，使我能在困境中临危不乱，灵活解决问题。

人生就像自助式旅行，经常会发生意想不到的状况，迫使我们必须做出决定与改变。如果我们能充分认识自己，就可以将优点转化为优势，并通过调整心态，把缺点转化为成长的机会点。

找到自己的不平等优势脱颖而出

为了应对多变的外在环境，许多人拼命考取各种证照以增强竞争力。然而，这些证照往往不在自己的优势和兴趣范围内，导致兴趣缺缺，只是为了考试而考试。

每当朋友来求助职涯选择或考取证照问题时，我通常会问："你的兴趣和优势能力是什么？""想在这个专业领域达到什么目标？""拿这个证照的长期规划是什么？"这些看似平淡无奇的问题，大多数人却无法回答。

自助式人生需要清楚目前的位置及自己的优势能力和目标航向，不能漫无目的地航行。年轻时可以多方尝试，但我们仍需不断问自己，未来 10

年我们想驶向何方？我的优势是什么？我是否有随着环境变化而调整的能力？无论外在环境如何变化，只要清楚自己的优势并确认航向，就能脱颖而出。

我们每个人都拥有"不平等优势"。不平等优势指的是我们独特的优势，涵盖经验、资产、情势和条件，这些优势是无法被轻易复制的资源或条件。例如，1988年我在非常年轻时加入卡内基，当时正值戒严开放、经济蓬勃发展和两岸通商的时机，正适合卡内基这类培训产业的发展。这使我能充分发挥创新开拓、助人热情和好口才的特长，这些都是我幸运地被培养的不平等优势。

有时候，成功的关键就在于将不平等优势最大化利用，如此一来，就能取得卓越成就。

将劣势转化为机会点

有优势就会有劣势，因此我们必须练习心态转换，将劣势改变为机会点。

例如，有一位性格内向、不善表达、谨慎保守的学员，他突然从资深经理被提升为总经理，这让他感到非常焦虑。于是，我带着他在职涯测评中观察像他这类谨慎保守的领导人有哪些独特的优势。

他开始逆向思考，发现自己是公司最资深经理，对公司非常了解，内向能帮助他沉下心做好策略，谨慎保守让他做事靠谱、值得信任。他开始主动创造机会与客户及同人沟通，凝聚下属对公司发展的信心，并赢得更多积极外向贵人的帮助，使业绩提升好几倍。

所以，当我们面对困难时，要把劣势视为机会点，积极寻找背后的潜在不平等优势。不仅可以提升自信心，更能引导我们在各种环境中灵活应变，发挥最大潜力。

美国前第一夫人伊莲诺·罗斯福（Eleanor Roosevelt）的一生充满了挑战，她曾说过一句名言："除非经过我的同意，否则没有人可以使我感到自卑。"她深知世俗的评价和他人意见往往会影响一个人的自我认知，但她也学会了如何在这些外在压力下保持自我尊严和内在力量。这句话鼓励我们多看重自己，不要被自身的劣势困扰，而是用积极的心态，在劣势中寻找突破的机会。

兴趣和热情是职涯成功的内驱力

"认识自我 GPS"还有一项关键因子，就是找到自己的兴趣和热情。兴趣和热情是职涯成功的内驱力，能为工作带来积极影响。当我们持续从事自己感兴趣并充满热情的工作时，不仅可以提升工作效能，还能促进个人成长。

当我们做自己热爱的事情时，工作不再只是义务，而是一种享受，这会大大提升幸福感。兴趣和热情还会激发创造力和创新思维，让我们在工作中提出新的想法。当我们热爱工作时，即使面对挑战和压力，也会更有动力去克服困难。

例如，伊隆·马斯克（Elon Musk）对可持续能源和太空探索充满热情，这使他创办了特斯拉和 SpaceX，为世界带来了许多颠覆性的创新。兴趣和热情不仅是职涯的推动力，更是达到卓越成就的关键。

利用人格优势、兴趣和热情成为职涯杠杆

每个人都拥有独特的技能、兴趣和人格，也许这些优势常因他人的眼光或自身的限制性思维而被忽视或低估。通过自我评估和反思，我们可以更清楚地了解自己的优势，并在生活和工作中有意识地培养和发挥这些优势、兴趣和热情，在竞争中占据有利位置。

优势并非仅仅是静态的特质，而是一种可以被策略性运用的杠杆。同样，兴趣和热情也是重要的内驱力。我们应该学会在合适的时机和情境中充分发挥这些特质。例如，在工作中选择能够最大化利用自己专长和兴趣的任务，或在团队合作中选择能发挥领导才能和热情的工作。这样的策略性运用，让我们的努力事半功倍，达到更高的效能和成果。

随着经验的累积，我们的技能、兴趣和热情可以变得更加深化和多元。通过不断学习，寻求新的机会，我们可以将现有的优势拓展到新的领域，实现螺旋式职涯发展。这种不断优化和拓展优势的心态，是实现长期成功的关键。

华文卡内基之父——黑幼龙先生的故事

在竞争激烈的社会中，整合兴趣、热情和人格优势能让人发挥所长，成就精彩人生。华文卡内基之父黑幼龙先生的故事便是最佳范例。

我的老板黑幼龙先生常常笑说自己曾是被联考拒绝的小子，当年只上了农校，高二还被留级，这对在军中叱咤风云大半生的父亲来说，是不能容忍的。他父亲大怒，斥责黑幼龙："这怎么可以！"在父亲的压力下，黑幼龙转考军校。在军中，他被迫学习修理机器，但无论怎么努力，他总是学不好，他感到相当沮丧。

然而，黑幼龙先生并没有因此放弃自己，他更加清楚自己的兴趣是在语言方面。由于对英语的热爱，他下了很大功夫在学习语言上。他主动向神父学习英语，并积极与美国大兵聊天，最终成功考上公费留学。

他用行动证明，再困难的棋局，都困不住一个充满梦想与热忱的人。他 32 岁从军中退伍，并未像大多数退役军人找份安稳工作或是做些小生意，他挑战自己成为美国休斯飞机公司在台办事处的第一任经理，后来还到国外工作，薪水是一般人的 10 倍。

37 岁时，又迎来一次大转业，出任光启文教视听节目服务社（光启社）副社长，薪水虽然骤减一半，但是他因在光启社主持的《新武器大观》节目而声名大噪。到了 47 岁，人生过了大半，他才创办台湾卡内基训练。每一次转变，他都必须放弃既有的安定生活，在茫茫未知中努力前行。

1996 年，全球卡内基在美国亚利桑那州的土桑市召开年会，我的老板应邀在会中发表英文演讲。他哽咽说道："卡内基训练在台湾发展的时间刚满 10 年，这 10 年是我一生中最好的 10 年。有几个原因：这是我做得最好的一个工作，我们拿到世界各加盟区第一名；这是我做得最不累的一个工作，因为无论是授课、策划、演讲，每件事我都很感兴趣；这是我做过最有价值的工作，通过这份工作，我可以帮助这么多人和公司持续成长。我不知道将来还有多少个 10 年，但我一定带着很大的期望过下半辈子。"

黑幼龙先生认为卡内基是他做得最好、最喜欢，也是最有价值的工作。如今，他 85 岁，仍然经常在海峡两岸上课演讲，即使连上 3 天课也不觉得疲累。

黑幼龙先生的故事告诉我们，只要坚持梦想，发挥自身优势，就能在人生的棋局中破局而出，创造属于自己的辉煌篇章。

认识自我 GPS：选定专业测评深入了解自己

有些人会问，如果我们不够了解自己的优势和劣势该怎么办呢？我们可以利用职涯测验来了解自己的人格特质、兴趣、能力和价值观。我和中场教练 Margaret（郝弘彬）一起搜集了以下这些测评资料和研究。

Margaret 曾在爱立信、GSK 及杜邦等知名国际公司，拥有超过 25 年的人力资源管理经验，擅长运用各种评量工具来提升人才发展。感谢 Margaret 的协助，接下来我们将介绍几种知名的测评工具。

这些测评工具各具特色，专业度极高且可靠，如今被不同的机构、企业和个人广泛应用在人际沟通、职业发展和个人成长的诸多领域。一般测验大致可以分为以下三类。

第一类：性格与动机探索

这类测验旨在了解个人的性格和人格特质，这些特质影响个人在不同情境下的行为模式和选择。包括：

MBTI 16 型人格测验（Myers-Briggs Type Indicator）

- **特色**：MBTI将人分为16种不同的性格类型，帮助人们了解自己的性格特征及如何与他人互动。
- **应用**：适用于职场、个人关系和家庭生活，帮助我们改善与人的沟通，和加强对人的理解与包容。

九型人格测验

- **特色**：九型人格将人分为9种类型，揭示表面行为特征及深层动机和恐惧，帮助我们深入了解自己和他人。
- **应用**：适用于个人成长和人际关系改善，不仅有助于在职场上实现更有效的沟通与合作，还能在家庭和朋友间增进理解与支持。

第二类：优势与职涯探索

这类测验专注于评估个人的职业兴趣、能力和潜力，便于职业规划和发展。包括：

盖洛普优势识别测验（Clifton Strengths）

- **特色**：专注于发掘个人优势，识别出属于我们的前五大优势，强调最大化发挥优势而非改进弱点。

- **应用**：适合职业发展和团队建设，帮助了解自己的优势，找到最适合的职业路径，在职场中充分发挥长处。

霍根测评（Hogan Assessment）

- **特色**：包含三份测试量表，评估正常情况下的行为特征，并预测在压力下的行为表现。

- **应用**：广泛应用于招聘、职业发展、领导力培训和团队管理。帮助自己了解职业优势和潜在风险，更有针对性地规划职业生涯。企业也常用来选择最合适的候选人。

第三类：全方位职涯测评

这类测评将影响职业生涯规划的人格特质、兴趣热情、技能、价值观等全面整合，提供深入且全方位的个人职业报告。受测者可以借助报告更全面、更深、更广地探索自己，认识自己的人格优劣势、兴趣、价值观、从而能达到有效的生涯规划。

全方位测评译码（Career Direct，简称 CD 测评）：

- **特色**：CD测评是一个全面的职涯测评工具，可用来评估个人的人格特质、兴趣、技能和价值观。其特色在于全面性和深入性，提供全方位综合性的个人职业报告，帮助受测者发掘自己的潜力和职业目标。

- **应用**：适用于各年龄层和各类职业。无论是即将踏入职场的学生、考虑职业转型的青年或中年人，还是希望提升职业满意度的在职人士，CD测评都能提供有价值的见解。此测验并提供咨询顾问服务，受测者可与教练对话，以此发现自身优势，提升工作满意度和成就感，设立长期目标并制订具体的实施计划。

无论使用哪种测评工具，我都鼓励读者运用"认识自我 GPS"的 4 个秘诀来解读测评结果。

1. **全方位认识自己**：深入了解自己的优点，将其强化为独特优势，并最大化利用这些优势，成为人生的杠杆。

2. **看重自己，接纳自己**：接受自己的优缺点，将优点转化为优势，并正向看待劣势。显而易见的缺点可以成为改进的动力，但不要强行改变或过度放大。

3. **将兴趣发挥为持久热情**：兴趣和热情是职涯成功的内在驱动力，能促使持续学习和成长，从而获得更高成就。

4. **以价值观为轴心**：以价值观和使命为指引，设定长远目标，突破舒适圈，增加机会，通过刻意练习推动螺旋式职涯发展。

CD 测评与教练咨询

在研究各类测验的特色后，我选择用全方位测评译码（CD 测评）作为"中场新起点"课程中的工具。这是因为它能从了解自我的根基出发，提供涵盖人格特质、兴趣、能力和价值观的综合评估，同时测评报告中也包含了职涯规划的内容，让人们认识到职业选择并非一时的决定，而是一个需要深入了解自我、发挥所长、找到人生使命，并投入时间与努力的过程，最终使人在工作中找到长久的意义和满足感。

一个好的测评工具不仅应具备专业度和权威性，还应具备实用性，让使用者能够知行合一。CD 测评正是这样一个工具，它能帮助不同性格的人找到适合自己的解决方案，有效应对人生的挑战。我很少见到测评工具能如此完美地将"知"与"行"结合，让受测者在深入了解自己的同时，不断探询人生使命，实践自我，并且终生管理自己的职涯。

这项测评分析了 4 个重要方面。

1. 人格特质与人生关键问题：评估个人的人格特质，如内外向、支配性、创新性、冒险性等，六大主特质会影响他们在工作中的表现。

2. 职业兴趣：帮助个人了解自己对不同职业领域的兴趣程度，为未来做出合理的规划。

3. 技能与能力：评估个人在各种职业相关技能方面的能力。

4. 价值观：辨识个人在工作和生活中的核心价值观，如工作环境、工作成果和人生价值观等，这些价值观可以帮助受测者确定最适合的职业环境和文化，为职涯规划提供核心驱动力。

当受测者完成 CD 测评后，会收到一份 33 页的完整报告，以及"中场新起点"教练的咨询顾问服务，引导受测者从报告和顾问提问中，对自己产生全方面的深刻认识。

分享一个例子，有一位学员在测评报告中显示出他的首要人格特质是自由不羁，其中次项中"无关紧要"这一项得分特别高。表面上看起来，这意味着即使遇到人生困难，他也无所谓，反正日子还是要过，遇到问题就选择躺平。然而，有趣的是，这位学员在报告的价值观单元中却显示出他"非常渴望取得成就和高收入"。

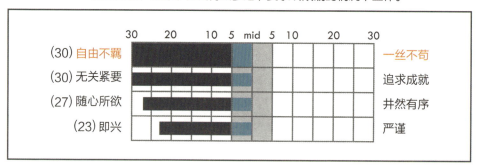

1. 自由不羁
随心所欲，偏好于在没有太多细节要求或限制的情况下工作。

在这种内在冲突的情况下，中场教练将陪伴他深入探索：他对于追求成就的真正想法是什么？为什么他常常觉得事情有没有做成无关紧要？以及如何设立目标来强化自律，逐步实现他想要的成就？

接下来，我想通过"中场新起点"课程中一位学员 Tim 的故事，来和读者分享如何通过测评，让我们找到人生的GPS，找到未来10年的发展方向。

Tim 的测评故事

运用优势杠杆实现自我定位与转变

2010 年，我受邀到上海教授卡内基课程时，遇到了从湖北来上海追梦的 Tim。他刚从大学毕业，缺乏自信，觉得自己毫无才能。Tim 私下告诉我，他的梦想是成为卡内基讲师，为此他辞去了武汉的工作，下定决心追求梦想。当时，我对他实现梦想的机会持保留态度，但为了帮助他，我推荐他先从卡内基的工读生做起，试试看。

Tim 很快在工作中展现出热情、积极和助人的特质，不久后便被升为正职讲师。然而，当他面临业绩压力时，感到力不从心，最终离开了卡内基。

在离开卡内基后，Tim 在 2014 年陆续换了 10 份工作，却始终找不到适合自己的职涯发展方向，甚至婚姻也濒临破裂，孩子被送回武汉由家人照顾。Tim 向我寻求帮助，我建议他使用 CD 测评。

在 CD 测评长达 33 页的报告中，我引导 Tim 发现自己的许多优点，其中前三项分别是"外向、怜悯、领导力"，但同时也有做事草率和冒险的特质。因此，帮助 Tim 认识和接纳自己的优劣特点，并将这些特质转化为优势，是当时的首要任务。

1. 外向

开朗，天生喜欢与陌生人打交道；热情并善于人际交往。

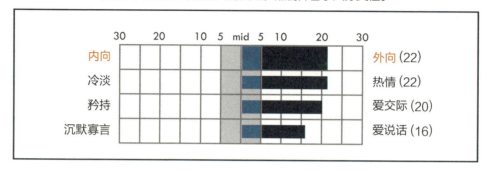

2. 怜悯

富有怜悯心、敏感，是个好听众；有耐心、忠诚，善于支持和鼓励他人。

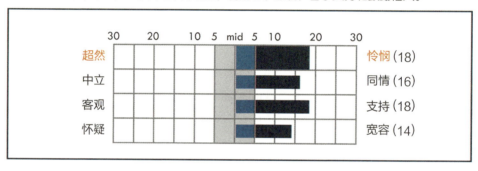

3. 支配

大胆、自力更生、结果导向、有领导才能。

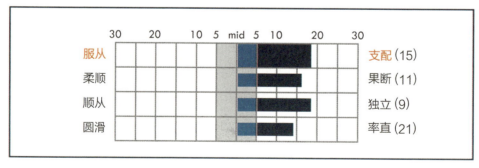

　　Tim 是一个"外向"的人，擅长与人交际互动，并且具有优秀的口头表达能力，这项能力可以成为他的优势，是他的第一项优点。第二项优点

是他的"怜悯"特质，这表明他富有同情心，能够理解他人的感受。第三项优点是他的"支配"能力，表现出他天生喜欢影响他人，且果断决策，这使他非常适合担任领导型职务，并在需要影响他人的职业中取得成功。

除了性格、特质以外，兴趣在职业规划中也扮演着关键角色。原因很简单：当人们对自己从事的工作感兴趣时，往往会充满热情，表现得更加出色。一些工作对某些人可能显得乏味，但对于那些天生乐于从事这类工作的人来说，却可能是轻松而愉快的。通常，让人感兴趣的工作充满乐趣，也更能激发人们迎接挑战的意愿。

通过 CD 测评报告，加上我（教练）与他的对话，Tim 确认自己喜欢与人一起工作，并且乐于帮助他人学习新技能或掌握新思想。他对"儿童教育、设计教学计划，以及影响他人"的自我发展特别感兴趣。

因此，Tim 的工作类型应该集中在咨询、测评、倾听并提供建议，以及教学发展等领域。最重要的是，藉由测评，他了解到自己需要从事教育、有意义且有价值的工作，才能找到心流，并在工作中获得长久的满足感。

经过深思熟虑，Tim 决定选择一份既能帮助家庭，也能帮助他人的工作。他怀抱着对教育的极大热情，前往云南昆明参加根基教育的亲子课程。在那里，他发现这些教育理念无论是对婚姻还是亲子教育都极具帮助。Tim 将课程中学到的"MCS 幸福力家庭教育"应用在家庭教育中，并借着自学的方式实践亲子教育课程。

在确立了自己的价值观和使命后，Tim 设定了"10 年内成为成功的亲子教育讲师"的目标。他不断突破舒适圈、增加机会和刻意练习，实现了螺旋式职涯发展。如今，Tim 在亲子教育领域取得了卓越成就，成为"MCS 幸福力家庭教育"的知名讲师，以及根基教育培训总监和 MCS 讲师认证培训督导。

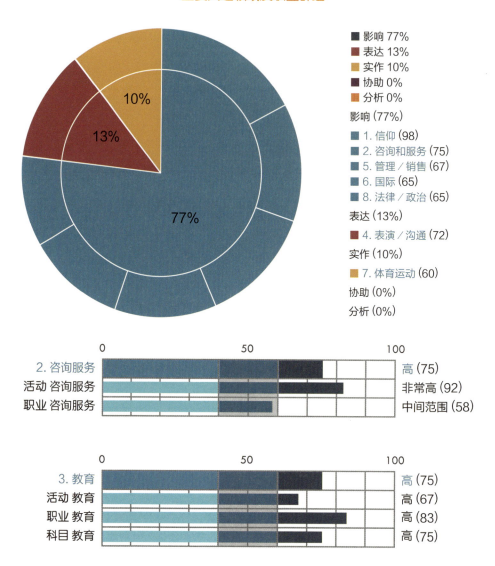

主要兴趣领域及职业群组

■ 影响 77%
■ 表达 13%
■ 实作 10%
■ 协助 0%
■ 分析 0%

影响 (77%)
■ 1. 信仰 (98)
■ 2. 咨询和服务 (75)
■ 5. 管理／销售 (67)
■ 6. 国际 (65)
■ 8. 法律／政治 (65)

表达 (13%)
■ 4. 表演／沟通 (72)

实作 (10%)
■ 7. 体育运动 (60)

协助 (0%)

分析 (0%)

	0	50	100	
2. 咨询服务				高 (75)
活动 咨询服务				非常高 (92)
职业 咨询服务				中间范围 (58)

	0	50	100	
3. 教育				高 (75)
活动 教育				高 (67)
职业 教育				高 (83)
科目 教育				高 (75)

如今，Tim 也变得更加成熟，成为一位好丈夫、好父亲，并将自身经验融入亲子教育中，用真理教导孩子，并让孩子在家受教育。尽管孩子从未参加过英语补习班，但却能在 SPBCN 中国英文拼字大赛中脱颖而出，于

2022—2023 年第八赛季中获得全国无组别总亚军，甚至能用英文写小说。这一切都证明了 Tim 当初毅然决然投入亲子教育的决定是正确的，不仅成为知名讲师，还有效陪伴孩子成长，实现了双赢。

通过"认识自我 GPS"的 4 个秘诀，观察 Tim 的蜕变与成长：

1. 全方位认识自己：Tim 起初对自己的能力缺乏信心，但通过 CD 测评，发现自己对教学有热情，在帮助他人方面具有独特的才智与洞见，这成为他转型亲子教育讲师的基础。通过设计有效的课程，最大化发挥了这些优势，从而在新领域中脱颖而出。

2. 看重自己，接纳自己：经历多次工作变换后，Tim 学会将优点转化为优势，将劣势变为突破的机会。他寻求专业咨询如何转化自己草率冒险的特质，并在社交和专注中找到平衡，这些转变让他成为成功的有说服力的讲师，也让家庭更加幸福。

3. 将兴趣转化为持久热情：在多次职业挫折后，Tim 重新探索自己的兴趣与热情，认识到自己对"教育事业和影响他人"的热情是他真正的力量源泉。这使他在亲子教育中找到了发挥优势的途径。

4. 以价值观为轴心：Tim 通过测评确立了信仰、家人、诚信和服务他人的价值观，并将这些价值观与亲子教育结合。他设定了 10 年内成为"成功亲子教育讲师"的目标，并突破舒适圈，不断学习与适应，最终实现螺旋式职涯发展，为自己、家人和他人带来了正向影响力。

曾经一年内换了 10 份工作、陷入人生迷茫的 Tim，藉由测评自我认知和发挥优势，不仅成功教育自己的孩子，成功经营幸福的婚姻关系，还成了一名极具影响力的亲子教育讲师。他不仅帮助了自己，还帮助了无数家长和孩子实现更好的学习和成长目标。

认识自己的优势，就能发挥优势杠杆，创造竞争力。你准备好认识自己了吗？

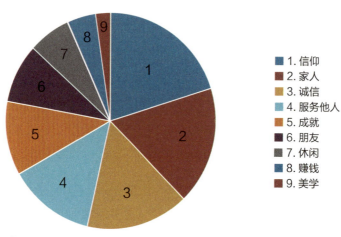

CD 测评显示 Tim 的四大优先事项

- 1. 信仰
- 2. 家人
- 3. 诚信
- 4. 服务他人
- 5. 成就
- 6. 朋友
- 7. 休闲
- 8. 赚钱
- 9. 美学

1. 信仰

您表明了您的人生使命。对您而言，看见您的工作对这个目标有贡献很重要。请您记得，仁慈和认真的追求卓越能够成为在职场上吸引别人的力量。

2. 家人

您很重视家人，您希望能在他们需要您的时候照顾他们。您非常重视是否有时间参与他们的活动。对您来说，能够与家人一起度过很多美好的时光非常重要，所以这应该是您进行职业选择时需要考虑因素。

3. 诚信

诚信是您人生中的一大重要价值观。你会尽一切努力信守承诺，恪守最高的公平和真理标准。为确保不会被要求在自己的诚信原则上妥协，您应仔细评估欲就业组织的工作环境、领导阶层、产品和服务。

4. 服务他人

曾经一年内换了 10 份工作、陷入人生迷茫的 Tim，借由测评自我认知和发挥优势，不仅成功教育自己的孩子，经营幸福的婚姻关系，还成为一名极具影响力的亲子教育讲师。他不仅帮助了自己，还帮助了无数家长和孩子实现更好的学习和成长目标。

认识自我 GPS 练习

1. 全方位认识自己

请列出自己的三大优点，并想一想如何将这些优点转化为独特的不平等优势。

2. 看重自己，接纳自己

请列出自己的一到两项缺点，并思考如何通过改变心态，将这些缺点转化为优点或机会。

3. 将兴趣转化为持久热情

请列出你对哪些领域最感兴趣，并思考如何将这些兴趣与你的职业或生活目标相结合。

4. 以价值观为轴心

请列出你觉得最重要的几个价值观，并思考这些价值观如何指引你的决策和行动，以达到最终的使命与目标。

第 10 章

八福循环

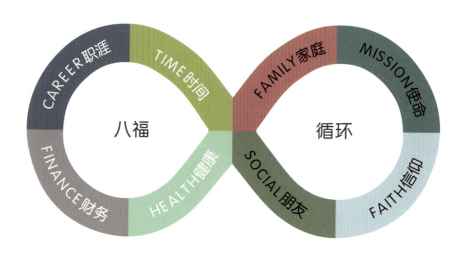

2002 年，当我正处于工作低潮时，意外获得了一个机会，顶替朋友的名额前往东马沙巴的神山攻顶。攀登神山需要提前半年预约，然而我却必须在一天内决定是否前往并办理签证。时间非常紧迫，而且我连台湾的百岳或小山都未曾挑战过，怎么可能去挑战东南亚最高的山峰——标高约4095 米的神山？但最终，我跟随内心的直觉，带着全新的全套登山装备，勇敢迎接这段未知的旅程。

攀登神山对我来说非常具有挑战性，因为平日缺乏锻炼。然而，在第一天下午，我仍然顺利抵达山屋。同行的两位经过半年训练的大老板，因为心脏不适，不得不临时下山。凌晨 3 点多，我们出发攻顶。静谧的星空下，四周寂静无声，心中既敬畏又期待，跟随大山前行，感受到天地的壮丽。我仰望着满天星斗，心中默默祷告："我应该转换工作吗？转换会比现在更好吗？"

就在此时，我有一个清晰的意念："如果你的老板重视你，他会理解你的心境。要扩展你的境界。"这句话亦成为我登顶路上的力量源泉，如锚点般深植于心。

下山后，我鼓起勇气告诉老板，经过 14 年的工作，我希望换个赛道突破自我。他沉稳又亲切地表示："无论你选择怎样的转变，我都会支持你的决定。"这让我深受感动，这样老板去哪里找？神山的经历，也成为我 10 年后勇敢走向人生下半场的重要起点。

随着年龄增长，我开始思考自己的人生使命。这是一个不断探索的开始，10 年后，我前往美国学习，探寻人生下半场的意义。原来，扩张境界需要冒险和不断突破舒适圈。

在 50 岁退休后，我才发现自己过去只专注于职涯发展，忽略了人生还有其他重要的方面。我非常喜欢卡内基的工作，经常投入到许多不必要的社交与餐叙中。尽管通过培训帮助他人让我感到满足，但我却未能安静地利用时间来规划未来，这导致家庭、理财、健康等方面的发展不甚理想。

我有一位老友，他在科技公司担任高阶职务，备受尊重。然而，他却在工作岗位上猝然离世。即使他曾经拥有荣华富贵，但失去生命又有何意义？这不禁让我反思，究竟什么才是成功的人生？

重新定义成功的多重面向

2010 年，哈佛商学院教授克莱顿·克里斯坦森（Clayton Christensen）被诊断出罹患癌症，他展现出非凡的勇气与坚韧，不仅积极接受治疗，还继续投入学术工作。然而，命运的考验并未就此结束，他随后又遭遇了一次严重的中风，失去了部分说话和行动的能力。对于一位以讲授为生的人来说，这无疑是沉重的打击。

在康复的过程中，克里斯坦森深刻反思了自己的人生价值观。他回顾过去数 10 年来，目睹许多朋友为追求名利而接受自己不喜欢的工作，渐渐忽视家庭和个人生活。有些人甚至因追逐高薪而做出违背道德的事，最终狼狈入狱。

克里斯坦森重新衡量自己的人生，不再以财富和地位为标准，他开始更加重视家庭和朋友的关系，并鼓励他人珍惜眼前的每一刻，追求真正有意义的人生目标。

最后，他将这段反思的历程写成《你要如何衡量你的人生》一书，希望帮助读者重新定义成功的多重面向。他建议读者在制订人生目标时，不应只考虑职业成就，应综合考虑生活的各个层面，在追求事业的同时，不应忽略家庭、朋友和自我成长。

受到克里斯坦森的启发，我也开始思索如何在生命中实现这种多面向的成功。

人生的八福循环

每个人都渴望拥有圆满的人生，而所谓的圆满，不仅仅是成功于某一领域，而是能在各个面向都能平衡发展。然而，在"跟团式人生"中，社会常常告诉我们，只有事业有成和财务自由才能称为成功。可当我们走到人生的终点，才发现这种偏颇的追求往往只留下无尽的遗憾。因此，在"自助式人生"的旅程中，我们不能仅仅关注工作与职涯的发展。

经历了"冬藏"的反思阶段，我重新审视过去的经历，并仔细检视那些在追逐成功的过程中容易被忽视的人生面向。由此，我整理出了八个构成人生圆满的重要基石：职涯、财务、健康、时间、家庭、朋友、信仰、使命，我把这 8 个面向称为"八福循环"。

为了实现圆满的人生，我们必须有效地利用时间，将精力均衡地投资在这 8 个面向上，让它们形成一个良性循环。唯有如此，我们才能在不断调整工作与生活的优先次序中，为自己奠定一个丰盛而幸福的人生基础。

这个"八福循环"是一个无限循环、和谐平衡的模型，每一个领域都需要用时间、爱和关怀来滋养，并相互依存、左右圈相互影响，像齿轮一样推动整个系统的运转，形成一个无限循环的动态平衡。这种平衡不仅能够带动其他领域的发展，还能实现个人的全面提升和幸福，让生命更加丰盛。

八福领域

- **职涯：我的工作是否能实现我的抱负？**

  保持终身学习以跟上时代的节奏，是实现自我价值和抱负的关键。一份能够激发自我潜能的职业，不仅能带来成就感，还能激励我们在其他领域追求卓越。

- **财务：我是否拥有足够的财力应对突发状况和外在环境的危机？**

  稳定的财务状况能提供安全感，并为未来的自我提升和第二职涯做准备，使我们在其他领域中更加从容自信。

- **健康：我每天的心情是否感到满足、愉快且充满希望？**

  健康的身体和积极的心态是提升"八福"质量的基石。只有身心健康，才能有效应对生活的各种挑战。

- **时间：我是否能够管理好时间，做我真正想做的事？**

  高效的时间管理能让我们兼顾各个领域，确保每个面向都得到应有的重视，从而避免忙碌中迷失自我，真正实现平衡与充实的人生。

- **家庭：我的家人是否爱我，是否喜欢与我相处？**

  家庭关系需要用心经营，如同园丁在苗圃中细心照料，栽培、除草、施肥，静待花开，期待每个家庭成员都能成长为最好的模样。

- **朋友：我是否能够影响朋友，使他们变得更好？**

  这不仅是建立人脉，而且是发挥积极的影响力，与志同道合的好友一同前行，实现共好的目标。

- **信仰：我可以活在当下，放下自我？**

  有清晰的信念、原则和价值观，并设定生活的优先次序，稳定的信仰和精神追求能够提供内在的平静与力量，帮助我们在面对挑战时保持坚定与从容。

- **使命（三意人生）：我对自己的人生成就和方向是否感到满意？**

  清晰的使命感和找到自己的三意人生（有意思、有意义、有意象）将激励我们不断前行，在各个领域中实现自我价值。

重新审视生命的优先次序

在"中场新起点"课程中，我设计了一套"八福循环检测表"，用来协助学员评估自己生命的八福状况。

在辅导过程中，我发现人们往往在优先次序上出现问题。例如，有些人过于重视赚钱，却忽略了家人；有些人不知道自己真正想要什么，没有明确的目标，于是忙忙碌碌，原地打转；还有些人缺乏使命感，只专注于眼前的事物。

在课堂上，学员完成八福循环检测表后，显现出两个明显的现象：

第一，普遍最低分的项目是"使命和信仰"；

第二，大家普遍觉得"没有时间"去向更多领域的发展，时间如流水无法逆转，如何看重最稀缺的时间资产，是八福平衡与幸福成功的关键杠杆。

1. 缺乏使命和信仰的八福循环

当生命缺乏使命与信仰，不仅让工作无法长久持续，还会使生命失去快乐。有些人生活富裕，拥有丰厚的物质财富，却无法获得真正的快乐，这是因为他们未能活出"信仰和使命"的人生。

正如丹麦哲学家索伦·克尔凯郭尔所言："问题的关键在于寻找一种为我而在的真理，寻找一种我将为之生、为之死的观念。"[①] 对索伦·克尔凯郭尔而言，这正是生命存在的意义。每个人都应该找到生命的核心价值和目标，这样在面对困难和挑战时，才能保持信念，坚持到底。

不仅哲学探讨使命和信仰，心理学家马斯洛在其著名的需求理论中也提出，人有五大需求：第一层为最基本的"生理需求"，第二层为"安全需求"，第三层为"社交需求"，第四层为"尊重需求"，第五层为"自我实现"需求。马斯洛在晚年又补充了第六层需求，即"超越性需求"。

现代人往往孤单脆弱，常以为金钱可以满足所有，能买来友情、爱情与他人的尊重。然而，事实证明，再多的钱也无法填补内心的空虚与孤寂，也无法换来内心的平静与安稳。

因此，"信仰"和"使命"是人生中最应该重视的。信仰带来内心的平静和安稳，提升内在的满足感与和谐感；使命则是人一生中最重要的目标。有了信仰和使命，人生才能取得更大的成就，收获更多喜悦，拥有更长远的影响力。

2. 妥善管理时间，实现正向八福循环

时间是人生最重要的资产，无情却公平，一旦流逝，便无法重来。财务出现问题时，可以花时间赚回来；身体有健康问题，可以花时间康复；家庭关系出现裂痕，可以花时间修补。但时间管理却是掌控一切的关键因素，

---

① 选自《克尔凯郭尔日记选》。

我们该如何更有效地利用这稀缺的资源？

人们往往错误地认为可以"等我赚大钱了再谈""等我退休后再做"，从而忽略了"信仰、使命、时间"这三个使人生满足和快乐的重要因子。因此，我们必须学会妥善管理时间，让时间成为推动八福循环的助力。

史蒂芬·柯维在《高效能人士的七个习惯》一书中，介绍了两项习惯特别有助于我们更有效地掌控生活，实现职业和个人层面的高效与成功。

- **以终为始：制订明确的目标**

在生活和工作中，我们应该设立明确的目标和愿景，并以此为指引来做出每一个决策。这能确保我们的行动有目的性，并且与长期目标一致。这种习惯帮助我们更好地规划时间和资源，避免迷失在日常琐事中。

- **要事第一：优先处理重要事务**

史蒂芬·柯维提出时间管理四象限（Time Management Matrix），将任务分为4个象限：重要且紧急、重要但不紧急、不重要但紧急、不重要且不紧急。

有效管理时间的关键在于区分重要和紧急的事务，通过时间管理四象限，优先处理重要但不紧急的任务。

一般人往往认为应该先处理重要且紧急的事，因为这些事总是迫在眉睫，必须立即解决。然而，真正的高效能人士会将重心放在"重要但不紧急"的事务上，因为柯维强调，这些事务关乎长期目标和愿景的实现。处理这些事项可以防止问题累积成为紧急状况，从而减少生活的压力和焦虑感。

例如，健康管理、家庭关系的维护、个人的自我成长与学习，这些都是重要但不紧急的事务。如果我们能在这些领域投入更多时间和精力，将有助于建立更稳固的基础，避免未来因忽视这些事务而产生危机。这种习惯不仅能提升我们的生产力，还能让生活更加平衡与充实。

因此，掌握好时间管理四象限，不仅能帮助我们更有效地安排时间，也能让我们在八福循环的每个领域中取得长足进展，实现更加丰盛与满足的人生。

八福循环：右圈影响左圈的幸福指数

八福循环发现一个有趣的现象：职场人关注职涯发展的比重几乎占整个八福的 70%—80%。常见反应包括健康不好、睡眠不好，有时没时间吃药看病，市场不景气，人人都在卷，追着钱跑，苦恼的是钱都没跟上，时间也不知道花在哪儿？这是很多人只专注左圈的恶性循环。八福循环强调职涯发展外右圈（家庭、朋友、信仰、使命）对左圈（职涯、财务、健康、时间）的影响非常深远。

哈佛大学教授亚瑟·布鲁斯（Arthur C. Brooks）专研幸福学与领导学，他在许多著作和演讲中探讨过幸福的核心问题，特别关注如何在生命的后半段找到持久的幸福感和成就感。他强调，幸福更多来自内在的选择和价值观，而非外在的物质成就，并与每天的行为选择密切相关——如"信仰、家庭、友谊和为他人服务"。这 4 个面向恰与我的八福循环右圈中的"家庭、朋友、信仰、使命"相契合。

根据这一模型，当我们在右圈投入时间和精力时，不仅能带来满足感和生活目的感，也会对左圈的职涯、财务、健康及时间产生正向影响。因此，我们应努力在八福循环的每个领域中取得平衡与进步，以达到更丰盛的人生。

这个"右圈影响左圈"的理论核心在于互相影响——当我们专注提升右圈的幸福时，左圈的事业与财务也会自然得到支持，进而形成良性循环。

John 的八福循环故事

从人生低谷迎来八福循环

John 是一家跨境电商公司的经理，性格内向、保守且谨慎。当他突然被任命为公司 CEO 时，巨大的责任和压力如同山崩般袭来，使他陷入深深的焦虑与挣扎，几乎无法喘息。这是他人生的重大转折，迫使他不得不寻求改变。

一向沉默寡言、不善交际的 John，习惯独自处理所有问题。这种性格曾使他成为专注细节的经理人，但作为 CEO，他需要具备前瞻性及激励他人的领导力。他不断怀疑自己是否适合这个职务，担心无法以积极、热情的方式与员工和厂商互动，对公司未来的发展方向更是充满不确定。

随着压力日增，John 感到自己仿佛被困在一个无法摆脱的牢笼。他每天从早忙到晚，将90%的精力投入工作，却因过度专注细节而纠结不已。回到家后，他疲惫不堪，对孩子失去耐心。尽管内心渴望与家人建立更亲密的关系，现实中却因焦虑与压力对家人发脾气，亲子关系因此逐渐紧张疏远，他感到深深的内疚与无力。他望着年幼的孩子，心中充满懊悔，却似乎找不到改变的力量。

工作压力与失衡的家庭关系带来的情绪无处宣泄，导致 John 的身体逐渐恶化。他经常感到肩颈酸痛、腰痛，甚至被诊断出椎间盘突出。这些身体的不适仿佛成为他内心痛苦的映射，时刻困扰着他。

　　尽管生活压力不断积累，John 依然认为工作是一切，忽视了健康、家庭和人际关系。为了寻求改变，John 报名了"中场新起点"课程，并接受了八福循环检测，结果令他震惊：几乎所有的指标都亮起了红色警告，显示出他的健康、财务、家庭和朋友等多个领域都严重失衡。

题号	职涯	财务	健康	时间	家庭	朋友	信仰	使命
1	2	1	3	6	6	4	6	4
2	10	1	5	7	5	5	2	4
3	4	1	4	7	7	5	4	6
4	10	8	6	9	1	7	4	3
5	9	1	10	6	7	6	3	3
6	10	1	7	5	4	4	2	4
7	9	3	7	6	2	5	6	3
8	5	1	5	7	6	6	6	3
总分	59	17	47	53	38	42	33	30
状态	尚可	危险	不足	尚可	危险	不足	危险	危险

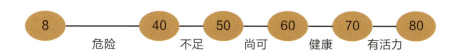

8	40	50	60	70	80
危险	不足	尚可	健康	有活力	

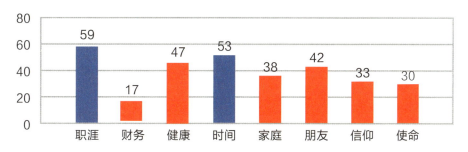

这次检测如同一面镜子，让 John 清晰地看到生活中的严重问题。他开始意识到，过度专注工作细节，忽视了家庭、健康和其他重要领域，失衡的生活已将他推向危险边缘。

在与我进行教练对话后，John 逐渐打开心扉，谈及对失败的恐惧和对他人不信任的根源。他回忆起自己被人欺骗的过去，这让他形成了谨慎保守、与人保持距离的思维模式。

通过教练对话，我鼓励他"以终为始，为自己制订明确的目标"，首要目标是除去限制性思维，找到勇气与突破的力量。他意识到，若要跨越受限的思维，必须找到内在的安定力量，让自己不再受困于过去的创伤。

John 回忆起 8 岁时在教会中曾感受到的内心安定与力量，于是决定重拾信仰。信仰重新融入他的生活后，他在人际互动中感受到温暖，这成为他跨越创伤的力量。他积极参与经商团契，运用在卡内基学到的沟通与人际技巧，主动交友、扩大朋友圈，从中获得智慧、洞悉市场趋势，进一步强化了他的决策能力与商业洞察力。

此外，他也改变工作思维和行为模式，全心投入教练式领导的学习，逐渐从孤军奋战转变为团队组织者，学会激励、信任与授权员工，更加积极与厂商互动，展现诚恳和信实的工作态度。

John 运用"要事第一"的思维，重新审视生命的优先级。他意识到，拼命工作而忽略孩子的成长或因健康问题失去生命，会使所有努力变得毫无意义。于是他调整价值观，从工作至上的观念转向"八福循环"，优先关注"健康""家庭"与"朋友"。在这过程中，我提醒他，达到八福循环的关键在于"时间"的投入。每个领域的改善都需要持续的时间与精力。

于是，John 将更多时间投入在家庭上，通过卡内基学到的的人际技巧和 MCS 幸福力家庭教育课程，他学会了如何更好地与孩子互动，从严肃权威的父亲转变为倾听、陪伴、同理和鼓励的好爸爸。他积极参与孩子的周末活动，让孩子感受到父亲的重视与陪伴，使孩子从不安中走出，建立起更亲密的父子情感。孩子不再受父亲情绪的影响，反而更加安定且乐于学习。

同时，John 也开始重视健康，将时间投入在放松、运动和休闲活动，逐渐改善了肩颈酸痛和椎间盘突出的问题。

当 John 将时间和精力投资在过去忽略但重要的事物上，最终，他不仅成为一个在八福循环中达到平衡的领导者，也带领公司团队实现了卓越的成就，营收翻了 8 倍，还扩展市场到国外设立分公司。

这段经历让他深刻体会到，真正的成功不仅在于职场成就，更在于如何平衡并满足生活中的各个方面。每年，他通过八福循环检测，调整自己的生活，成为一位在职场、家庭和信仰中都找到内心平静与满足的领导者，进入丰盛的生命循环。

John 一年后的八福检测

	职涯	财务	健康	时间	家庭	朋友	信仰	使命
总分	70	63	51	62	64	72	73	67
状态	健康	健康	尚可	健康	健康	有活力	有活力	健康

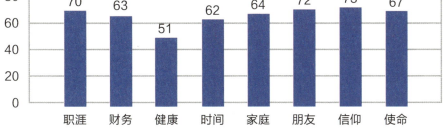

John 三年后的八福检测

	职涯	财务	健康	时间	家庭	朋友	信仰	使命
总分	72	67	60	66	63	68	74	66
状态	有活力	健康	健康	健康	健康	健康	有活力	健康

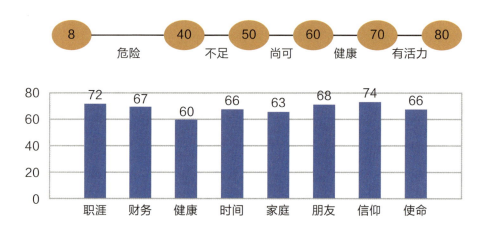

通过"八福循环"检测，观察John如何做出改变，并迎来人生全面的丰盛。

1. 定义成功的多重面向

John的故事告诉我们，成功不仅限于职业成就，更包括健康、财务、家庭、朋友、信仰和使命等多个面向的平衡。只有全方位的平衡才能带来真正的幸福和满足。

2. 价值观驱动的决策

John的反思与调整过程展示了价值观在决策中的核心作用。他学会定期检视生活状态，并基于对家人和员工的爱与理解，做出符合自己价值观的选择，最终达成八福平衡，创造出更美好的生活。

3. 时间和精力的投资

在八福循环中，John 认知到时间与爱的投入是维持平衡的关键。他学会妥善管理时间，将精力投入到生活的各个重要面向，在工作与家庭之间达到和谐，并带领家人和团队共同进步。

4. 学习、反思与成长

John 的经历强调了学习与反思在成长中的重要性。通过学习，他改变了职涯和生活状态，补强了忽视的领域，重新安排生命次序，并通过努力和爱将生命转变得更加丰盛与美好。

检测人生八福，可以帮助我们不断调整生活，把时间和精力投入到真正重要的领域，从而实现全面的平衡与幸福。你准备好要面对自己的人生八福了吗？

"八福循环简测"练习

1. 检视自己的八福循环

以下是八福循环检测表的部份题目，请为自己的每个项目打分，分数范围为1—100，并列出那些分数较低的、处于危险或不足的项目。

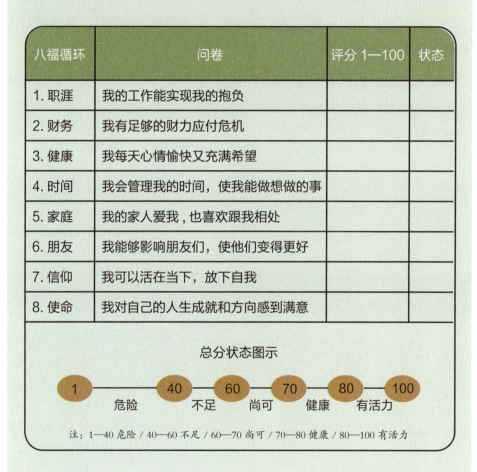

八福循环	问卷	评分 1—100	状态
1. 职涯	我的工作能实现我的抱负		
2. 财务	我有足够的财力应付危机		
3. 健康	我每天心情愉快又充满希望		
4. 时间	我会管理我的时间，使我能做想做的事		
5. 家庭	我的家人爱我，也喜欢跟我相处		
6. 朋友	我能够影响朋友们，使他们变得更好		
7. 信仰	我可以活在当下，放下自我		
8. 使命	我对自己的人生成就和方向感到满意		

总分状态图示

1　危险　　40　不足　　60　尚可　　70　健康　　80　有活力　　100

注：1—40 危险 / 40—60 不足 / 60—70 尚可 / 70—80 健康 / 80—100 有活力

2. 确定优先处理的重要事务

根据上面列出的低分项目，选出两项最需要优先处理的重要事务，并思考这些事物对你的人生带来哪些影响。

3. 制订改善计划

根据八福循环简测结果，为每个需要改善的项目制订具体的时间管理计划和改善行动，并设定可达成的目标，以逐步实现八福循环平衡。

第 11 章
人生大数据

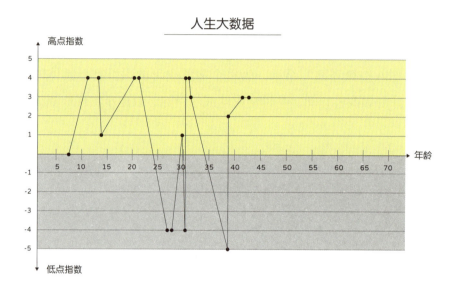

许多知名企业的起点与今日的形象大相径庭。Nokia 最初生产卫生纸，三星起初是杂货店，兰博基尼原是制造拖拉机，IKEA 则以一支笔起家。这些企业的成功转型告诉我们，初始业务未必是最终的成功之路，而每次的转折都可能成为未来的基石。

我的人生旅程也经历了类似的转折与成长。高职最后一年，我发现自己不适合国际贸易，这让我重新思考学习方向。回顾小学时，我在演讲比赛中常得第一，并且乐于助人，这些经验使我决定重考，后来进入艺专的广电科，追求更符合我志趣的专业。

这一转折不仅改变了职业方向，也引发了我对沟通表达与培训教育的热情。进入卡内基训练后，我发挥自己外向的特质，在沟通能力、建立关系、乐于助人等方面取得优势，这些优势使我在海峡两岸推广卡内基及创立慢养亲子品牌时取得卓越成就。

在卡内基退休后的 10 年里，我并未停止努力，持续寻找为世界带来"爱与传承"的方向。虽然我的发展与最初设想不同，但这段旅程教会我，人生的低谷常常是迈向高峰的转折点。

经过 10 年的磨炼，"中场新起点"课程诞生了。我希望组建一支专业团队，为 30—50 岁的朋友们提供全方位的探索与蜕变课程，帮助他们重启人生，找到命定的方向，并陪伴他们走过未来 10 年。

在这 10 年里，我深刻体会到，单靠一己之力无法完成这项艰巨的任务。因此，我不断分享三意人生的使命与意象，吸引更多志同道合的职涯顾问与教练加入。我感恩拥有一群无私奉献、怀抱爱心与热情的中场教练和学长们，他们使我在这段旅程中不再孤单。

现今，我们通过 ChatGPT 和 AI 迅速获取答案，因为这些新科技掌握了大数据。但遗憾的是，忙碌的我们很少花时间梳理自己的人生故事与路径。如果我们能整理属于自己的人生大数据（My Big Data），将能更深入了解自己，明确下一个 10 年的方向。

无论是企业的成功转型，还是个人的成长历程，起点并不决定终点。真正的关键在于我们能否在生命中找到定位与方向，并不断努力实现它。通过梳理人生大数据，我们能够为未来擘画更清晰的蓝图。

梳理人生大数据，找到前进的动力与方向

前面我们学习了如何在"春耕"中发挥优势，让它成为人生进步的杠杆；也在"冬藏"中珍惜时间的投资，发现人生中的宝藏，并转动八福循环。接下来，我们需要回顾生命历程，找到"夏锄"的关键点，除去生命中的限制性思维，确立未来的方向。

回顾人生脉络，是一个深刻且有意义的过程。当我们回望成长历程，无论经历好坏，都能从中发现家庭关系、职业发展和与世界互动的关联，这些都是宝贵的成长经验。

在我 30 年的卡内基经历中，我全心实践卡内基精神，陪伴学员成长。但我也深刻觉察到，自己经常忙于人群社交，缺乏安静自省的"冬藏"时间，未能妥善管理自己的精力、财务与资源，也未充分在"春耕"中多元学习及掌握复利原则，有着许多小遗憾。

通过整理人生大数据，我发现自己在 19 岁、39 岁、49 岁、59 岁时都经历了重大蜕变，这些突破常发生在国外，带来思想上的转变。无论是参加美国卡内基年会、登顶东马沙巴神山、参加美国达拉斯的研讨会，还是从法国到西班牙的朝圣之旅，这些经历更加确定了我"三意人生"的路径。

为何这些重大思想冲撞多发生在出国时？或许是因为出国前，心理已经准备好转变。回顾这些高峰与低谷，我反思当时的教训与如今的影响，这些数据帮助我聚焦，进行有意义的自我对话，找到关键突破点。

每次对自己生命的轨迹进行反思与回顾，都能带来新的洞见和成长，帮助我重新找到前进的动力与方向，并激励自己迎接生命的无限可能。正如哲学家齐克果所言："生活是向前的，但理解却是回顾的。"只有回顾过去，我们才能真正理解生命。无论大小或好坏，回顾生命的重要事件都有助于整理出"人生大数据"，帮助我们识别哪些可以改变，哪些是前进的力量。

为何我们不梳理自己的人生？

在现代社会中，许多人专注于眼前事物，忽略了对过去和未来的深思。这种缺乏自我反思的现象，常源于对现实的逃避、时间和精力的不足，以及对不确定性的焦虑。人们害怕面对未实现的目标或失败的经历，忙碌的生活也让反思变得困难。对改变的抗拒和缺乏自信，进一步阻碍了梳理人生的勇气与动力。

鉴于梳理人生的重要性，我们会在"中场新起点"课程中陪伴学员一起整理"人生大数据"，并藉由一对一专业教练的支持，带来深入的省思。每个人都有独一无二的数据，这过程中如何设计一个有意义的10年路径图，将成为自助式人生的起点。

人生大数据是一个强大的省思整合工具，帮助我们回顾过去的重要事件，从中发现自己的动力来源和未来发展方向。通过制作人生大数据，我们能理解如何进行下一个10年，避免重复过去的模式，设计出属于自己的未来走势。

回顾并标记人生的重要事件，可以清晰看到自己的成长轨迹，了解哪些事件对自己影响最大，如何塑造了现在的自己。在回顾过程中，我们可以发现一些重复出现的模式，这些模式反映了内在的需求和动机，帮助我们找到真正热爱的事物和适合自己的发展方向。通过分析过去的成功与失败，我们能更好地规划未来的职业与生活，找到符合自己的价值观和自己感兴趣的目标。

制作人生大数据：属于你的生命历程线

1. **准备**：准备一张空白纸和笔。

2. **划分时间段**：在纸上画一条水平的时间轴，从左到右标记你的人生阶段，从童年到现在。

3. **标记事件**：回顾人生的重要事件，涵盖职涯、健康、财务、家庭、朋友、信仰、使命等方面，将一些重大事件按发生顺序标记在时间轴上。标注年份或年龄，帮助回忆当时的外在环境与情绪感受。

4. **评分事件**：根据每个事件对你的影响程度评分，最高5分，最低

- 5 分。将令你开心的高点事件标注在 0—5 分的上半部，令你沮丧的低点事件标注在 0—5 分的下半部。

5. **连接点**：将每个事件的分数点连接起来，形成你的生命历程线。

6. **找出类似事件**：回顾这些事件的关键因素，思考为什么这些事件让你感到满意或失望，并寻找是否有重复的模式或循环。

7. **找出共通性和线索**：分析这些重复事件的意义，发现共通性，找出驱动你前进的线索，思考哪些行动让你感到开心或找到生命意义。

8. **设定未来方向**：基于上述分析，记录下未来方向，思考这是不是你未来 10 年可以经营的人生使命。

梳理重复模式，找到下个 10 年方向

梳理生命历程后，我们会发现一些感到喜悦和有成就的事件，包括是童年的经历及职场上的成就。通过分析和梳理人生中的重复模式，对照自身测评的人格优势、价值与信念，可以探索未来的方向。

1. 分析重复模式

分析生命历程线中的重复模式和循环，找出那些反复出现的事件和情境。探讨哪些事件让我们成长，哪些使我们陷入挫折，并深究其中的原因。

2. 对照 CD 测评

将人生大数据的高点与优势，以及低点与盲点进行对照，参考测评结果来归纳下一步的学习重点，设定具体目标和计划，厘清未来 10 年的发展方向。

3. 深入内心问题

通过高低曲线，客观看待这些事件。勇敢面对心理恐惧或失败记忆，反思："这些事件对我此刻的影响是什么？""我从中学到了什么？""如果重来一次，我会做出什么不同的选择？"

4. 发掘生命意义感与价值感

回顾哪些事情是我们最看重的，并应该继续努力。思考哪些行动可以让我们避免未来的遗憾，例如：勇敢活出更好的自己、与自己多独处，或者多留些时间与家人和朋友共度亲密时光。这些生命的亮点将是"三意人生"的重要线索。

这个过程不仅帮助我们更全面地了解自己，还能为未来发展提供明确的指引，确保我们选择的道路符合自身的人格优势、兴趣热情、能力与价值观，从而使我们更好地规划未来。

小光的人生大数据故事

把后悔转化为无悔的力量

学员小光（化名）是一位聪明机灵但有些好高骛远的年轻人，总是渴望找到快速致富的捷径。他热衷于利用各种资源来打通成功之路，凭借这股企图心，他在工作中全力以赴，迅速积累了广泛的人脉并创造了不少机会。

一次偶然的机会中，他发现操作股票能快速资本累积，于是开始全力追求赚取第一桶金，但在一次大胆的投资操作中，却不慎亏掉了毕生积蓄。母亲爱儿心切，替小光还清了所有债务，妻子也愿意原谅他。

三年后，心有不甘的小光，自觉技术纯熟，坚信只要再来一次，一定能一雪前耻、转亏为盈，于是他将三年来累积的一些积蓄拿出来参与第二度股票投资，再次大胆进行股票融资，但结果却让他亏损了上千万。这次失败不仅让他陷入财务危机，还使婚姻破裂。妻子数度劝说无果，最终伤心离婚，带着孩子离开。

同时，债务的雪球越滚越大，超出他能承担的范围。年迈的父母也因为他卖掉房产抵债而对他失望至极，最终将他赶出家门。小光只好搬进员工宿舍，为了逃避现实，他成天流连于社交中，直到深夜才回宿舍。他也不整理房间，只把宿舍当作暂时的栖身之所。面对这一切，小光感到人生无望，甚至一度想要结束生命。

在这个绝望时刻，小光在信仰中找到了一丝力量。此时，一位朋友把我介绍给他。我鼓励他深入"认识自我 GPS"及完成"人生大数据"，从后悔中找到无悔的力量。

在进行第一次人生大数据分析时，我发现小光认为自己的人生只有一次低潮，他选择性地只记得过去的成功，对失败的经历则仅记住最惨痛的那一次，不愿深入反思和总结。

我鼓励他接纳每一次失败，重新绘制自己的人生大数据，真实地面对人生的每一个高点与低点，去发现那些生命中不断重复的错误，才能有机会把低点转变为高点。

在第二次绘制人生大数据后，小光终于诚实面对每一个高低点，并在教练对话中接纳了真实的自己，将失败和后悔转化为前进的力量。

通过教练对话，我陪伴着他回顾人生的每个低点，探询他当时心中的想法是什么。他才慢慢意识到自己价值观中的"有钱、有人脉才能做大事"以及"只有想好的一面才有动力"的限制性思维，导致他总是将时间花在各种社交活动上，却不为自己的人生负责，也没有制订任何短、中、长期的还债计划。

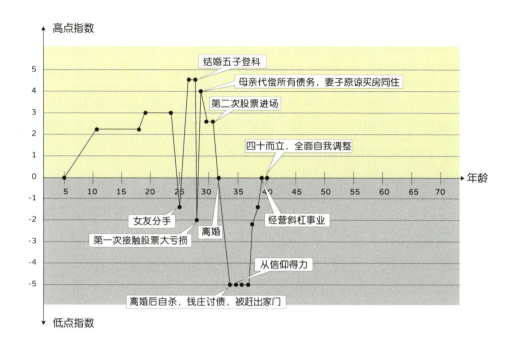

一次课后，我们进行了深入对话。我问他："你有很多负债，但经常看你在群里分享周末去郊游和聚餐照片，大家会有何感想？"

他沉思片刻后说："我常分享活动照片，只是为了刷存在感，平时深夜独处时，总感到自己非常孤单。"

我进一步问他："你最在乎谁？"

他回答："我最在乎父母和儿子的肯定与认同。"

接着我问："希望在儿子心目中，你是什么样的父亲？"

他说："我希望是儿子的好榜样。但我不知道该怎么做？"

这些对话深深触动了他，他终于意识到自己的价值观和行为习惯需要彻底改变，也开始重新审视自己的人生，将后悔转化为无悔的力量，带来根本性的改变。他明白，自己必须成为一个值得儿子尊敬的父亲，不能一直逃避问题混日子。

他开始改变生活方式，学会静下心来，整理宿舍，安排运动，增加安静默想和阅读时间。随后，他开始记账，设定还款计划，减少不必要的应酬聚餐，甚至利用下班时间开出租车赚钱，善用结交朋友的优点，与乘客建立良好关系。这些改变行动让他的人生逐渐转变，他开始面对真实的自己，并逐步恢复与父母和家人的关系。让父母重新对他产生信任，前妻也愿意让他带儿子参加夏令营，跟儿子的关系也更加亲密。

小光的故事其实也是现代许多年轻人的缩影。许多人被高风险投资或"吸引力法则"吸引，误以为只要正向思考，好事就会自然发生。然而，这种速成的想法往往忽略了设定目标、改变自己和努力实践的重要性。

小光的经历提醒我们，诚实面对过去，接纳每次成功与失败，在行动中不断学习才是关键。后悔虽然痛苦，但也是强大的学习工具。通过分析过去的错误与遗憾，我们可以觉察盲点，将后悔转化为积极行动，掌握成功所需的知识与技巧，打破失败的循环模式，活出更好的自己。

后悔的力量

在绘制人生大数据时，我们可能会触及不愿回忆的往事，如同小光的例子，这些通常是让人感到痛悔、不愿回想、悲伤的事件。如果我们经常沉溺在过去错误的决定或错失的机会中，并对自己的选择感到懊悔，就很难进步。

人生的低点往往是因为我们卡在某些限制性思维中，因此，在这些低谷中，我们必须识别并除去这些思维，这就是"夏锄"的力量。

接纳人生低点，不仅是成长的第一步，也是推动生命前进的动力。后悔是一种普遍且正常的情感，接受后悔并不等于否定自己，而是承认自己不完美。通过分析过去的错误和遗憾，我们可以识别性格的弱点，并采取措施加以改进，将后悔转化为积极的行动，而不是自我惩罚的工具。

后悔可以激励我们做出改变，提升生活质量，成为进步的推动力。绘制人生大数据之所以能赋予力量，并不在于歌颂高点或沉溺于低点，而是在于从中发现新的视角和学习到经验。人生的高峰和低谷不仅仅是快乐与痛苦的经历，更是我们内心感受与对外界反应的结果。

一个人的感受与他看待自己处境的观点息息相关。关键在于不要将个人的遭遇与自身价值画上等号，而是要对生活的每一刻心存感激，乐在其中。将低谷视为机会，发现并利用隐藏在表象下的转机，才能转负为正。

当我们找到潜藏的契机并全力以赴时，低谷就会转变为高峰。我发现，走出低谷的最佳方法是"打造自己的理想愿景"，实现下一个高峰的途径就是"追随你的理想愿景"，想象自己沉浸在具体、可期待的美好未来中，这将激励我们付出更多努力。

我常常看见学员的人生大数据中，低谷通常伴随恐惧，而高峰则是克服了恐惧的结果。当我们愿意接纳自己、追随理想愿景时，就能创造高峰。恐惧会消退，内心变得平静，也会变得更成功。若能再加上一点谦卑与感恩，人生将更加充实。

伏尔泰曾说："历史不会重演，但人类总是重蹈覆辙。"当我们列出生命中的重要事件后，可能会思考：如果人生能重来，我会怎么过？然而，更重要的是，我们必须精心设计未来，否则下个 10 年可能会重蹈覆辙。我们需要了解自己的优势和使命，设定职涯与人生目标，跳脱过去的循环。

Wonderful 的人生大数据

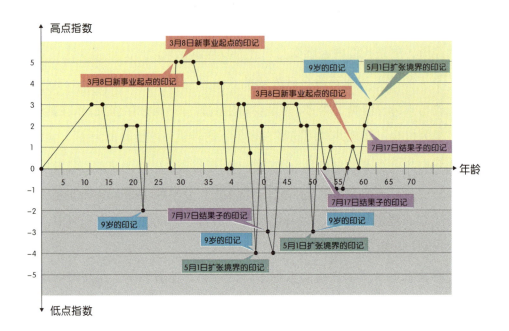

回顾生命历程，从人生大数据中放眼未来，是关键的一步。我们经常会发现生命中重复出现的重要节点，这些节点在循环中推动我们前进。例如，在审视自己的人生大数据时，我意外发现某些在我生命中不断重复出现的数字。

■ 年岁 "9" 的印记：从低谷迈向高峰

我在年岁尾数 "9" 时，刚好都是从低谷迈向高峰的转折点。例如，19岁重考时，我在低谷中更认识自己；39岁时，低谷让我重新找回信仰与力量；49岁时，我以为陷入低点，却踏上了"人生下半场"的追寻之路；59岁时，疫情带来的停滞低谷，反而引爆了"中场新起点2.0"。每一次的低谷，最终都成就了下个高峰。

■ 3月8日：新事业起点的印记

1988年3月8日，我第一次参加卡内基的说明会，开启了新的梦想旅程。一年后的同一天，我拿到第一张卡内基毕业证书，并加入卡内基。30年后的3月8日，我申请了中场新起点的商标，展望未来帮助更多人走出迷惘。

■ 5月1日：扩张境界的印记

我多次生命的转折都发生在5月1日。2002年，东马沙巴神山之旅扩展了我的生命境界；2012年这天，我在上海决定去参加人生下半场研讨会，领受人生新挑战；2022年5月1日，在故乡开启"中场新起点2.0版"工作坊，充满着新希望。

■ 7月17日：结果子的印记

2004年7月17日，我在台北预备创立植梦文创；2014年同日，我在上海创立了结果子文化公司；2021年，结果子公司在高雄复业，开展中场平台服务全球华人，这真是值得庆祝的复苏。

这些重复的日期和事件，对我来说并非仅是巧合，更像是一种命定。每一次的高低起伏，都为生命留下深刻印记。通过这些经历，我找到了不变的规律：每一次困难与挑战，都是成长与进步的契机。生命的使命在这不断重复的事件中逐渐浮现。

这些数字也帮助我立下目标，成为努力奋进的动力。宣告2034年7月17日，我的目标要攀上愿景新高峰，打造全球华人"中场新起点"平台，与100位中场教练共同陪伴1万名学员，迈向更美好的人生。

人生低点是迈向高点的起点

通过制作人生大数据，我们回顾过去，标记并评分重要事件，在低点的重复模式中辨识出限制性思维与盲点，并在高点中发现那些使我们感到满足的生命意义与价值观，从而设计未来的蓝图，激发前进的动力。

对我来说，动力来自于对爱与传承的热忱，以及助人的渴望。因此，我不断投入卡内基培训职涯，勇于追寻并创立"中场新起点"工作坊。每一个梦想的关键点，都来自那些让我感到满足和有意义的时刻。

每一次生命的转折，都是"扩张境界"的契机，支持我继续追寻梦想，并帮助更多人走出中场的迷惘。

我的故事说完了，接下来，换你上场来制作你的"人生大数据"，设计10 年后精彩的人生。

"人生大数据"练习

1. 制作人生大数据

请回顾过去生命经验，列出曾发生过的重大事件，并标记这些事件是高点还是低点，以及分数。这将帮助你看清生命中的重复模式与关键转折点。（参照文后附录 Excel 范例）

2. 接纳人生低点与重复模式

回顾过去的低点，并记录一件让你后悔的事。思考这件事对你的影响，以及如何将这种后悔转化为前进的力量。这是你理解自己限制性思维，并加以克服的机会。

3. 掌握优势并设计未来

你掌握了自己的优势和使命吗？思考如何利用这些优势来设计未来 10 年。写一封 100 字的短信给自己，描述未来 10 年你希望成为什么样的人，以及如何达到这个目标。

第 12 章

八福贵人树

在人生的旅途中，我们无可避免地会面临各种挑战，而每个人的成功和成长，往往离不开贵人的扶持和指引。贵人，是那些在我们最需要的时候，出现并提供帮助的人。他们的出现，可能是一句鼓励的话、一个关键的建议，甚至是一个改变命运的机会。无论在职涯、个人成长，还是日常生活中，贵人都扮演着不可或缺的角色。

贵人提供的智慧和经验，往往是我们前行路上的明灯，引领我们走向更加光明的未来。而当我们得到贵人的帮助时，也应该记得感恩，并在有机会时成为他人的贵人，继续这份爱与支持的传递。

生命的 8 种贵人

我们与贵人的关系对我们的人生至关重要，但这种关系却往往被忽视。在第十章中提到的 8 个面向——职涯、时间、健康、财务、家庭、朋友、信仰、使命——需要平衡与循环。而在这些领域中，经营朋友圈以吸引更多贵人，可以在关键时刻给我们提供更好的支持、建议和机会。

贵人就像教练，在我们面临挑战时给予情感支持，帮助我们渡过难关；在我们陷入迷惘时，适时提供宝贵的建议和引导，帮助我们做出明智的决策。他们还可能为我们引荐重要的关键人物，或提供展示才华的机会与更大的舞台。

当我们有能力成为别人的贵人时，同时也是在创造一个双赢的关系网络。这不仅有助于我们自己的成功积累，也能促进他人的成长与突破。例如，通过帮助他人，可以在职场上获得双赢的机会，建立良好的形象，促进团队、家庭、生活和社会的和谐。

股神巴菲特经常提及他 21 岁时参加卡内基训练，这是他最棒的投资之一，他强调经营贵人和人际沟通的重要性。例如，他将查理·芒格视为他生命中最重要的贵人之一。芒格不仅是他的商业伙伴，更是他在投资哲学和生活态度上的导师。在股东大会上，巴菲特经常会先回答股东问题，然后询问身旁的芒格是否有补充。芒格的经典回应："我没有什么可以补充的"，展现了他们之间的默契与信任。

巴菲特后来成为比尔·盖茨的贵人，而盖茨也成为许多人的贵人。他在微软的发展过程中提携了许多人才，并创办了比尔及梅琳达·盖茨基金会，对全球的健康和教育事业做出了巨大贡献。值得一提的是，巴菲特曾是这个基金会最大的捐赠者。

巴菲特和盖茨都是犹太人，他们彼此影响，愿意将财富捐出帮助更多人。

犹太人非常擅长社交，乐于做提携后辈的新创事业和人才培育，这或许也是栽种贵人树的关键所在。

这些例子表明，当我们成为别人的贵人时，便是在创造一个互助、互惠、联结与传承的关系网络，并期许有朝一日将这些影响力扩大，推动社会进步，成为世界的祝福。

在探讨了贵人的重要性后，我想分享几位对我人生影响深远的贵人。他们在我的职涯和个人成长中多次指引方向，给予支持，在我最需要的时候伸出援手。他们的帮助让我克服挑战，并学会如何成为他人的贵人。

职涯型贵人：黑幼龙先生

黑幼龙与李百龄夫妇对我生命的影响力，是无法用言语完全表达的。他们不仅是我的老板，更是我生命中最重要的贵人，始终提携我、接纳我的特质，并不断给我成长的机会。

在卡内基工作期间，当我因为遭遇瓶颈与挫折而萌生出国进修的念头时，老板鼓励我走出去，并助我一臂之力，实现了前往英国深造的愿望。而在两次创业初期，老板夫妇更是无条件地扶持我，使我能够勇敢地追逐梦想。

当我在高雄担任卡内基区域主管期间，由于年轻气盛且缺乏团队管理经验，一位资深讲师对我的管理风格不满，直接向老板投诉，而我竟毫不知情。当老板邀请我北上会谈时，我才知道此事。当时我既羞愧又担心这会影响老板对我的印象，然而，老板却以温和耐心的方式指导我，通过卡内基式的提问与互动，让我意识到自己的不足和需要成长的地方。他在谈话结尾时说："像你这样善良热情的好主管去哪儿找？"这句话让我感受到被理解与被鼓舞，深刻地激励了当时不够成熟的我，促使我更加全心投入工作，并决心成为一位更有魅力的领导者。

即使在我退休多年后，老板仍然记得送我一份珍贵的礼物——邀请我参加 2017 年在洛杉矶举办的卡内基国际年会。这次年会中，黑幼龙先生在台上讲述了他如何带领团队保持 25 年全球业绩第一的秘诀，并介绍了那些忠诚跟随他奋斗近 30 年的高阶主管们。老板特别安排了我这位公司第一位退休的资深主管登场，并与他一起站在台上。在那短短的 30 秒内，我回顾了与老板在卡内基共同奋斗的 30 年画面，这段旅程成为我人生中最难忘的学习与成长经历，充满莫大的荣幸与感激。

黑幼龙先生教会了我如何慷慨地将成功与他人共享，并以他的言行一致示范了什么是真正的领导者。他时时带着感恩与成全他人的精神，是我人生前行的榜样，并激励我在未来的日子里，将这份爱传递给更多的人。

朋友型贵人：陈真（Jean）

在我的职涯生活中，另一位重要的贵人是好友陈真。尽管我们相差 10 多岁，但由于性格互补，我们成为忘年之交。每次我到台北出差时，都住在她家，接受她和家人热情的款待。当时，她是卡内基的资深副总，真诚而富有智慧，学识渊博，能迅速赢得人心，也是大家追随学习的榜样。

陈真不仅是我的挚友，更如家人般关怀我。她特别欣赏我那无尽的热情与创意。我们在旅行时，经常不约而同地购买到同款礼品，展现了我们之间的十足默契与相近品位。这份默契让我们的友谊更加深厚，我对她的疼爱与理解心存感激。

记得有段时间，我刚抵达上海开拓市场，工作繁忙，而陈真则在北京经营卡内基事业。她经常用心写长信与我分享近况。然而，因为她对我非常重视，我竟然将这份情谊视为理所当然，常常因忙碌而忽略回复。我以为她会理解，直到某天惊觉很久没收到她的信函，我才意识到问题的严重性，立刻道歉并努力挽回这段珍贵的友谊。

陈真不仅宽容大度，丝毫不计较，甚至慷慨邀请我说："你安排好时间，我们一起去云南昆明和泸沽湖旅行吧！享受这片净土，我们一定会终生难忘。"在祖国大陆10年，虽然旅游无数，但那几天在泸沽湖的经历，果真令我难以忘怀。今年，我们还一起自驾深度游览了意大利托斯卡尼城镇，这次壮游更是一辈子都值得回味。

陈真不仅是我职涯启蒙的贵人，更是我人生中最重要的好朋友。她的大度与包容教会了我如何珍惜和深化友谊，也让我明白真正的友谊在于尊重他人、不计较得失，以及彼此欣赏和成全。

使命型贵人：卢克文（Jack）

卢克文是我生命中的使命型贵人。2004年，我与宏达基金会合作推动磐石教育计划，结识了他，当时他是这计划的主要执行者之一。我们一起深入全台偏远校园，以卡内基精神帮助校长和老师们加强沟通，点燃他们的教育热情。这段经历虽然辛苦，却充满意义，至今仍令我难忘。

克文的使命感不仅体现在他的职涯中，也展现在他对社会的无私贡献上。他有着丰富的人生经历，为人诚信正直，热衷帮助年轻人。我亲眼见证他从科技总经理转型为公司顾问的过程，即使在事业低潮时，他仍以使命为先，竭力协助好友林照程的儿童音乐事业转型，及至后来促成"天使心家族基金会"的成立，该基金会提供资源，帮助更多身心障碍者的父母改善家庭关系。

我对克文的印象始终是他那股充沛的干劲。当他担任宏达电总务副总时，尽管刚完成癌症手术，他还是很快地投入到繁忙的工作中，直到心脏手术后才终于决定休息并重新调整生活。

即使如此，卢克文对人生仍怀抱着强烈的使命感。他设下目标，参与了超过500场品格演讲，并积极联结各种慈善机构。自2018年以来，他推动了"天使来会客"活动，举办了近200场次，吸引各界人士积极参与。最近，他更计划无偿捐赠1000小时，帮助年轻创业者解惑。这份坚定的使命感，使克文成为我心目中拥有丰盛八福的典范。

每当我感到软弱或想放弃时，与他的一席话总能让我重新充满力量。他广博的人脉与见识涵盖经济、科技、创新等领域，成为年轻人宝贵的学习资源。我们经常互相介绍朋友，成为彼此贵人，创造良性循环，努力为世界带来祝福。

栽培"八福贵人树"：贵人关系网络的养分与成长

那么，我们要如何培养自己的贵人关系网络呢？其实，我们可以将贵人关系网络比作生命中的一棵大树。我们需要关注这棵树所需的养分，并定期检视其树干、枝叶和果实是否日益茁壮。

养分：爱与三意人生

生命中最不可或缺的养分是爱与三意人生：有意思、有意义、有意象。爱是贵人树最重要的养分，贯穿其中，成为我们生活的基础和力量。这些信念像树的养分，用爱滋养我们，使我们在各领域开花结果。

- **有意思**：找到生活的乐趣，保持对生活的好奇心和热情。
- **有意义**：追求有价值、有意义的生活，让生活充满感动。
- **有意象**：设定积极长远的愿景，将理想转化为现实。

树干：卡内基精神

卡内基精神是我们与他人建立深厚信任与影响力的基础。树干象征这些原则，支持着我们的沟通、领导和人际网络，让我们与周围的人建立更深的联结。

- **真诚与尊重**：以真诚关心他人、尊重他人为基础，建立彼此信任。
- **聆听与激励**：积极倾听他人，给予真诚感谢与赞赏，增进彼此关系。
- **赢得由衷合作**：通过正向、友善的沟通，使用不批评、不责备、不抱怨的三不原则，创造信任氛围，赢得他人由衷的合作。

（注：卡内基金科玉律共有 30 条人际精华及 30 条正向抗压原则，详情可参考卡内基官网）

枝叶：感恩、联结与倍增感动循环

枝叶代表感恩、联结和倍增感动的循环。感恩是对贵人的回应，联结是我们与他人建立的深厚关系，倍增感动的循环则让我们对贵人和周围的人产生更大的影响力。

- **感恩**：心怀感恩，铭记他人的恩典与帮助，让我们更加谦卑，体会幸福。
- **联结**：保持与贵人的正向联系，加深彼此的信任与情谊。
- **倍增感动**：施比受更有福，通过实际行动成为更多人的贵人，发挥倍增影响力。

果实：在八福各领域的成长与收获

果实象征着我们在八福领域的成长与收获。这些果实来自我们在每个领域中不断的努力与心血，与志同道合的朋友们共同栽培。栽种八福贵人树，让我们通过八福循环，收获丰硕的成果。

创造让贵人感动的"精心时刻"

我在"中场新起点"课程中加入了"八福贵人树"的栽种，目的是提醒我们珍惜生命中的贵人，并通过感恩、联结、行动和反馈来表达感激之情。

当我们心怀感激却没有适当表达时，可能会导致意料之外的结果，让对方感到冷漠或被忽视，甚至误以为我们不在乎这段关系。因此，学会恰当地表达感恩，不仅能增进彼此的情感联结，也能避免造成不必要的误解。

"精心时刻"指的是那些特别用心设计的感谢与仪式化的行动，让贵人感受到他们的重要性。通过深度经营人际关系，让贵人感受到我们的真诚与感激，这些珍贵时刻能让彼此关系更加紧密，成为无价的礼物。关键在于真诚用心，而非物质价值。

以下是我个人经常用来创造"精心时刻"的 5 种方法，供大家参考。

1. 生日惊喜或感谢卡

在贵人生日时，聚集对他重要的人，策划一场温馨难忘的惊喜派对，可以用现场连线或播放影片方式，让远方的亲友参与共享欢乐，也可以为他准备"量身定制"或他曾说过想拥有的礼物，甚至一封感恩信都能成为他终生难忘的回忆。

2. 分享贵人最爱的讯息

当我们看到与贵人兴趣相关的讯息，如动物、大自然或艺术，不妨主动与他分享，让他感受到被关心的温暖。

3. 共创贵人的传家宝

为贵人的家庭成员记录珍贵的时光，可以是父母与孩子的温馨互动，这些都能成为世代相传的宝贵记忆。

4. 把握关怀贵人的契机

在贵人面临生病、挫折或重大人生时刻时，主动与他共度时光，倾听他的心声，并用真诚的行动表达支持。无论是一起用餐、喝咖啡，还是仅仅陪伴对方，这些都能让贵人感受到困难时刻的关怀与温暖，进一步加深彼此的情谊。

5. 成为八福贵人联结平台

我们可试着将所有八福贵人整合成一个资源库，不定时召开"人生私董会"刻意为人脉连结存款。适时为友人增加人脉资源，帮助更多优秀朋友突破卡点，也能扩大我们在朋友心中的影响力。

如何补足八福贵人树的空缺？

首先，回顾目前的贵人关系，列出在八福各个领域中对我们有帮助的人。除了表达感恩外，也要觉察出哪些领域仍然缺乏贵人的支持。

如果缺乏理财方面的贵人，可以借着参加理财讲座或课程，刻意增强知识并结识讲师或有经验的朋友。若缺乏健康养生的贵人，可以咨询营养师或健身教练，了解健康生活方式并与他们建立长期关系。

如果生活找不到目标，缺乏有使命感的贵人，参加志愿者活动是个好方法，结识热心公益、充满使命感的人。或者，依照我们的兴趣和职业发展，与充满活力和创造力的专业人士交流，倾听他们的愿景，并思考如何一起实现更美好的世界。

此外，在努力建立新的贵人关系、补足八福领域的空白时，我们也应该成为他人的贵人，照亮他们的生命。

举例来说，当我刚回台湾时，在教会活动中主动结识了一位秀津姊妹。她告诉我自己擅长制作教案和PPT，而这正是"中场新起点"课程需要提升的部分。我们开始密切合作，她将我的四季思维与六个工具做巧妙的结合，为课程增色不少。

偶然间我得知秀津的大儿子刚大学毕业，正在规划职涯方向，我便抓住机会为他进行测评。结果显示他对政治领域充满兴趣，于是我鼓励秀津开始帮忙儿子寻找选举工作的实习机会。此外，了解到他与弟弟的关系不佳，我利用一对一教练时间，通过对话让他意识到自己其实很在乎家人关系，并鼓励他与妈妈制造一个机会跟弟弟吃饭，并主动与弟弟和解。这不仅能改善家庭关系，也对他未来的政治职涯发展有很大的帮助。最终，他不但成功获得实习机会，还修复了手足关系。

不难想象，这对秀津来说，是多么令人欣慰和感动的事。秀津和我成为彼此的贵人，形成了最美的良性循环。

行动计划：成为自己与他人的贵人

要成为他人的贵人，首先需要有意识地肯定自己，并成为自己的贵人。这意味着不仅要支持他人的成长与发展，也要支持自己。这种支持可以来自多方面，包括情感支持、专业指导和创造机会。这是一种爱的选择与承诺，需要我们投入时间和心力，真诚关注自己与他人的需求和潜力。

1. 先成为自己的贵人

我们必须先认可自己，自我肯定，而不仅仅在人际关系中寻求价值。积极倾听自己的内心需求，了解自己的优点与不足，并持续学习和成长。这种自我照顾和发展是成为他人贵人的基础。

2. 感恩行动：生命高峰与低谷时的贵人

回顾人生的高峰与低谷，列出那些曾经帮助过我们的贵人，无论是在高峰中提携我们的，还是在低谷中指引过我们的人。立即发信息、打电话或约见面，与他们分享这些事件对人生的影响，并表达感谢。这不仅会激励贵人继续帮助别人，也会深化彼此关系。

3. 成为别人的贵人

成为他人的贵人时，需意识到并不是每个人都会接受我们的帮助。有效的帮助来自于对方的准备和需求。在这过程中，可以使用下一章将介绍的教练模式（ABC 解惑方程式）来帮助他人提高自我觉察，引发进步的动力。

以下是几个建议。

- **倾听与鼓励**：用心倾听他人的困惑和需求，给予真诚的回应与支持。以尊重对方的方式来进行沟通，鼓励他们采取改变的第一步，逐步养成良好的习惯。

- **取得允许与分享经验**：在适当时机，征询对方是否愿意听取我们的观察和建议。得到同意后，再分享个人经验或客观信息，并用尊重的态度交流，避免讲道理。

- **引荐资源与贵人**：当对方有具体的计划时，引荐合适的资源与人脉，为其发展提供支持。懂得利用这些资源和贵人是成功的关键。

成为贵人是一种爱的传递。在帮助他人成长的同时，我们也在不断提升自己。这种双向的成长，将让我们的人生更加丰富和有意义。

"八福贵人树"的工具提醒我们珍惜生命中的贵人，并藉由感恩行动反馈他们的帮助。同时，我们应该努力成为他人的贵人，并寻找新的贵人来补足八福领域的空白。通过这些行动，我们可以建立强大的支持网络，促进个人成长与发展，创造一个更加和谐和互惠的社会。希望每个人都能在感恩、联结和回应感动中，不断成长，成为更好的自己。

"八福贵人树"练习

1. 列出生命的高低点贵人

打开人生大数据，观察哪些高点与低点的贵人对我影响至深。

- 高点时提携你的贵人，列举1个。
- 低点时帮助你的贵人，列举1个。

2. 设计感恩行动

选择一种方式，如发信息、打电话或请贵人吃饭，给他们一个惊喜，表达你的感恩之情。

3. 设计精心时刻

如果你准备与贵人见面，提前准备好聊天内容。

- 回想一件对方成为你贵人的具体事件。
- 分享你最近的成长，感谢他带来的正向影响。
- 关心贵人的近况，表达希望自己也能成为他的贵人。
- 拍合照并发在朋友圈，公开表达对贵人的感谢和尊敬，让这段关系成为永远的纪念。

4. 刻意寻找八福领域空白的贵人

回顾八福领域中的贵人，识别出哪些领域仍然缺乏贵人的支持。接下来，主动参与相关活动、社交场合或专业圈子，寻找有潜力成为贵人的对象，并与他们建立有意义的联系，让这些新的贵人成为你八福循环中的重要支柱，从而全面提升你的生活平衡与成长。

第 13 章

ABC 解惑方程式

为了准备西班牙朝圣之路，我开始密集进行腿部肌耐力训练。某个午后，我决定挑战高雄柴山，因为它的海拔只有 350 米，大部分路径为木栈道，我认为这应该是一场轻松的锻炼。

爬山过程相当顺利。不久后，我站在盘榕观景台，欣赏夕阳染红天际的美景，并拍下几张照片。然而，真正的挑战在下山时才开始。我来到一个岔路口，一条是我来时的路，另一条则是未曾走过的。脑海中忽然浮现佛罗斯特的诗《未走之路》："我选择了一条人迹稀少的路行走，结果后来的一切都截然不同。"

好奇心驱使我选择了陌生的路线，没想到这条路远比想象中复杂。天色渐暗，周遭空无一人，我没有戴头灯，手机电量所剩无几，心中渐渐感到害怕。

随着夜幕降临，我孤身在林间穿行，恐惧笼罩心头。就在这时，前方突然出现一道光，我迅速朝那道光跑去，发现是一位年约八十的女士，她戴着头灯，稳健地行走在山路上。她告诉我出口不远，并陪我走完余下的路。这次经历让我深刻体会到，有一位熟悉道路的领路人能带来多大的帮助。

这次迷路的经历引发了我对人生的反思。过去我常过于乐观，低估目标的难度，忽视准备的细节。然而，这次经验就像是人生的缩影——在自助式的人生旅途中，我们可能会迷失方向，感到孤立无援，甚至选择逃避现实。但只要心中存有信念，并愿意寻求指引，找到一位合适的教练同行，就能更有效地找到方向并获得前进的力量。

在华人社会中，寻求外部帮助常被视为软弱或无能的表现，因为我们从小被教导要依靠自己，顾全面子。这种限制性思维让许多人不愿公开承认需要帮助，更遑论寻找教练协助。然而，成长性的思维告诉我们，每个人在成长过程中都需要支持的力量。

此外，华人文化对速成答案的渴望，以及对权威角色的尊重，也使得人们更倾向于寻求直接解决方案，而非通过教练的提问和引导来激发潜力。这种对快速成功的追求，往往忽略了教练所能带来的长期深层次改变，从而阻碍了人们对教练价值的理解和接受。

我自己也曾犯过这样的错误。2012 年，我在美国花费 15 万元学习人生下半场课程，每个学员都配有一位教练。但由于我当时不清楚目标，加上用英文沟通不畅的压力，最终没能充分利用这次机会，结果在迷茫中徘徊了 7 年。后来，我终于明白教练对人生方向的重要性，于是排除万难前往香港，与 Carmen 博士学习高管教练课程，希望藉此帮助自己，也帮助更多人梳理生命的迷惘。

在"中场新起点"课程中，我发现许多学员曾花费时间和金钱做职涯测验和心理测验，却依然不知如何突破人生困境。他们真正需要的是一位教练，来陪伴他们勇敢跨越难关，激发内在潜能。

教练最大的贡献在于帮助学员跳脱旧有经验框架，建立全新的思考和解决问题模式。就像杰出的运动员仍然需要教练，知名音乐家还是需要导师指导，才能取得不断进步。

一位出色的教练就像我们的第三只眼睛和耳朵，能更真实地反映我们的现况。教练细心观察我们的优势和弱点，通过提问引导我们深入认识与接纳自己，帮助我们确认目标并制订计划，不断激励我们前进。在迈向成功的过程中，教练对话扮演着至关重要的角色。

在人生中场陷入迷惘的人，最需要的是陪伴与支持。为了帮助学员梳理过去，重新认识自己，并看见未来的方向，我将"认识自我 GPS""八福循环""人生大数据""八福贵人树"等工具与"教练对话"融合，设计出全新的"ABC 解惑方程式"。这一方法在海峡两岸在线授课后，效果显著。

在过去的教学中，我发现即便人们了解自己的优势和价值，但因为安于现状、看不见自己的盲点、限制性思维或外在环境的阻挠，仍会停滞不前，甚至被负面情绪左右。教练的角色正是帮助我们突破障碍，发挥最大潜能的关键。

通过"ABC 解惑方程式"，我们能陪伴并激励学员，帮助他们全方位认识自己、梳理人生历程，并在教练的对话与陪伴下，跳脱旧有的思维与生命框架，开创新的可能。

ABC 解惑方程式

在教练课程中，有一个知名的公式：

表现（Performance）= 潜力（Potential）－ 干扰（Interference）

这个公式指出，个人或团队的实际表现取决于两个关键因素：潜力和干扰。

潜力（Potential）是指个人或团队的能力、技能、知识和天赋，代表在理想情况下能达到的最高水平。这是每个人或团队内在的资源，是成功的基础。

干扰（Interference） 则是阻碍发挥潜力的因素，可能来自内部如心理压力、焦虑、自我怀疑，或外部如不良工作环境、不合理期望、资源不足。干扰消耗能量和注意力，使人无法全力以赴。

教练的核心角色是帮助个人识别并减少干扰，同时强化学员的潜力。这通常包括以下几个方面。

- **自我觉察（Self-awareness）**：帮助个人有意识觉察并理解干扰的来源，进而更好地面对与管理干扰因素，激发更大潜力。

- **目标设定（Goal setting）**：设立清晰、具体且可达成的目标，以激励自己，让目标与价值观及人生愿景相符合。

- **心理调适（Mental conditioning）**：提供有效管理压力、焦虑和其他负面情绪的策略，以保持心态稳定和积极迎接挑战。

- **沟通人际技能培养（Skill development）**：教练可提供人际关系有效沟通、处理冲突的技巧和资源，以维持良好的人际互动关系。

- **支持与鼓励（Support and encouragement）**：通过启发提问

和鼓励学员打破常规思维，支持个人创新有效地解决问题。

通过"表现＝潜力－干扰"公式，我们理解了潜力与干扰对表现的影响。教练的任务是帮助学员觉察这些干扰，并有意识地调整自己，最大化发挥潜力。而这正是我设计"ABC解惑方程式"的核心目的——通过系统化的方法，激发潜力，排除干扰，从而达到最佳表现。

"ABC解惑方程式"包括以下三个部分。

A: Assessment（全方位测评译码）

通过本书介绍的第一个工具"认识自我GPS"，来全方位译码内在自我。利用CD测评，全面评估人格优势、兴趣热情、能力和价值观。教练在陪伴过程，协助学员深入认识自己的优劣势与潜在问题，并将价值观与未来的目标做联结，以确认自助式人生旅程的方向。

B: Big Data（人生解析大数据）

运用本书的四大人生导航工具，搜集与梳理个人过去至今的经验与数据，识别生命中的惯性模式、趋势和关键因素。这包括：

- **八福循环**：重新审视现在的状态、自己看重的优先级，觉察这些疏忽的面向对人生带来什么样的影响。

- **人生大数据**：分析人生的高点与低点，识别高点与优势、低点与劣势的关联，是否有不断重复之处，找出其中的突破点。

- **八福贵人树**：检视各个领域的贵人，感恩过去贵人的支持提拔，问自己是否也能成为更多人的贵人并结交志同道合的新朋友。

- **生命螺旋上升力**：（将在下一章介绍）从过去高低点看自己成功与失败的历程，转化成从低点到高点的轨迹，每天为自己的剧本向上迈进一小步，逐步实现螺旋式的成长。

C: Coaching（一对一教练对话）

"一对一教练对话"是ABC解惑方程式的核心。针对"全方位测评译码"（A），并搜集八福循环、人生大数据、八福贵人树及生命螺旋上升力等"人生解析大数据"（B），让学员深度探索生命中的重复模式、高低点，或是无法客观认识自己的盲点。这些信息在教练对话中扮演着至关重要的角色，因为它能帮助我们深入觉察，直球对决真正的问题，并制订具体的突破计划。

这一过程通常包括以下三个步骤：

- **设立目标**：教练依据CD测评和人生大数据等信息，通过一对一对话深入挖掘学员的议题。教练以精准的提问启发学员，帮助他们厘清问题，并引导学员设定具体、明确的行动目标。

- **创造觉察与省思**：教练通过不断深入的提问，帮助学员觉察到过去未曾留意的盲点与优势。这过程中，学员能够更清晰地理解事件对自身的影响，找出问题的根本原因，进而激发潜力，探索新的可能性。

- **行动计划与持续成长**：在找出关键原因与最终目标后，教练协助学员制订具体可行的行动计划，并提供适当的支持与资源，陪伴学员不断检视与调整，以实现持续的成长并不断达成目标。

"ABC解惑方程式"通过全方位测评译码（A）、人生解析大数据（B）以及一对一教练对话（C），提供系统化的方式陪伴学员突破自我。这过程不仅帮助学员发掘自身的优势与挑战，还能协助他们制订具体的改进路径与行动计划，最终促进持续成长并创造成功经验。

教练的力量：激发潜能与成就卓越

一位优秀的教练能在专业领域和个人生活中提供关键支持和指导。国际专业教练组织对此职业进行了定义。

教练是发人深省且创造性的合作过程，是激发客户最大化发挥个人与专业潜能的人。他们不仅传递技能，更是通过积极倾听和有效沟通，帮助被教练者实现目标并带来长期的积极影响。

被誉为"教练之父"的提摩西·高威，是现代教练哲学的先驱。他在《比赛，从心开始》中强调："你的对手不是别人，而是你自己！"他认为心理素质是影响学习和表现的关键，并主张教练应该帮助学员发现内心盲点，持续改进以达成卓越。

高威的核心原则包括积极倾听、有意识地反思、设立具体目标和提供建设性反馈，这些原则能帮助学员克服障碍，实现自我突破。在高威的网球教练生涯中，他不过多关注技术细节，而是引导学员专注于内心感受与体验，这种方法不仅帮助许多球员迅速提升表现，还成为企业教练的基础，显示出教练方法的广泛应用性。

另一个著名案例来自 Google 前 CEO 艾瑞克·施密特（Eric Schmidt）。他曾公开表示，聘请教练是他职涯中最好的决定之一。施密特在担任 Google CEO 期间，接受了比尔·坎贝尔（Bill Campbell）的指导，这位"硅谷教练"帮助他在快速变革的环境中，平衡技术领导与团队合作。施密特认为这种外部教练的支持是他成功领导 Google 的关键因素之一。

约翰·惠特默爵士（John Whitmore）也是教练界的重要人物，他的 GROW 模型（目标、现状、选择、行动）已成为许多教练的重要工具。这个简单而有效的模型帮助无数人和企业设定清晰的目标、分析现状、探索可行选项并付诸行动，从而达成卓越成果。

教练核心思维

教练的核心作用之一是激发学员的内在动力，促使他们积极采取行动。教练会帮助学员挖掘其价值观与愿景，并将这些与目标联结，使学员更清晰地看到努力方向。当目标与内心深处的价值观相吻合时，学员会更积极地追求这些目标。以下是三个教练核心思维。

1. 好奇心与信任

好奇心与信任是教练关系的基础。好奇心驱动教练去真正了解学员的内在世界，提出开放性问题，并以非批判性的态度倾听。而信任是任何有效教练关系的核心，没有信任，学员很难在教练过程中完全敞开心扉，进行深度反思和探索。好奇心和信任能够为教练和学员之间建立一个开放、安全的环境，让学员感到被尊重和重视，从而促进有效地沟通和深入地探讨。

2. 促发反思与自我觉察

自我觉察是个人成长和行为改变的关键。教练帮助学员认识到他们的思维模式、信念和行为背后的动机，使学员能够从内在进行调整。通过提升学员的自我觉察能力，教练能帮助学员做出更明智的决策，提升应对未来挑战的能力，从而使学员在生活与职业中持续进步。

3. 创建积极聆听的文化

积极聆听是教练理解学员需求并做出适当回应的关键。通过积极聆听，教练不仅能理解学员所表达的内容，还能感知学员未曾明言的情感与想法，这对于提供有效的指导非常重要。

这种聆听方式让学员感到被理解和支持，进而激发他们更深入地探索自己的潜力。同时，积极聆听也为教练提供了宝贵的信息，使其能更精确地引导学员。

通过好奇心与信任的建立、促发反思与自我觉察，以及创建积极聆听的文化，构成了教练思维的关键组合。这些元素共同作用，形成信任的教练关系，深入促进学员的自我觉察，并通过积极聆听，确保教练能准确理解学员的需求。通过这三个核心思维，教练能更有效地帮助学员实现他们的目标与潜力。

Q 的故事

从跟团式人生到自助式人生的转变

使用工具：CD 测评 + 人生大数据 + 一对一教练对话

Q 姊妹在一家大型制药厂担任销售培训，由于这份工作没有太大的变化，她觉得日复一日地过着同样的生活，看不见未来与自身价值，渐渐失去了工作热忱。

为了寻求改变，她参加了"中场新起点"课程。通过 CD 测评，发现她在人生价值观 9 个选项中，美学排在首位，甚至高于成就及赚钱，这在专业职场人士中极为罕见。

Q 和我分享这可能是因为她从小热爱美学与艺术，但父母认为艺术难以成为稳定职业，最后她顺从父母的建议选择了医药专科，并进入制药厂工作。繁忙的工作节奏让她常常忽略自己的内心需求，这些兴趣和热情被逐渐埋没。

Q 从小就喜欢绘画，但苦于无法在工作中经常使用，看见身边朋友陆续开启自己热爱的事业，她也希望像朋友们一样，但总是会因为想太多、对自己信心不够而陷入迷惘。

Q 进一步认识到她的三大主要特质是内向、创新和服从。"内向"使她习惯单独作业，并可以专心投注于项目；"服从"则让她意识到过去一直活在别人的期望中，无法表达自己真实的想法；而"创新"特质的发现，唤醒了她内在渴望已久的自我。

Q 也从报告中意识到，她原来的工作表面上看起来很稳定，但其实暗藏着危机，原以为一份工作可以做到退休，但现在时代多变且充满竞争，她需要提早更认识自己的优势价值，发展属于自己的赛道，提升无可取代的竞争力。

在"中场新起点"的最后一堂课上，Q 用视觉创作总结了自己的收获，决心发挥灵活创造力，并宣告自己的生命宣言："用艺术点缀美好人生"，让每一天的生活都充满美学。然而，如何实现这一宣言，她仍感到迷茫。

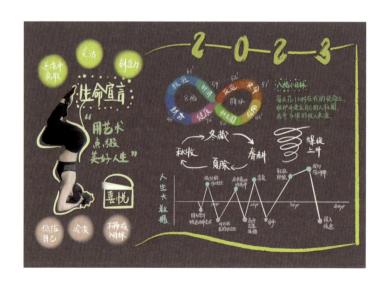

教练对话的启发

我：如果美学对你生命如此重要，你过去做了什么来满足自己？

Q：工作太忙很累，常找不到生活的意义，回家也只能偶尔画画来纾压，但从小家人就不断提醒我，画画不能当饭吃，所以我虽然喜欢艺术，却一直搁置没有精进。"

我：美学如果对你这么重要，可以多做一些什么来满足这份渴望？

Q：我曾学过视觉引导课程，非常喜欢，但学完后8年来都没再继续创作，也没和老师保持联系。

我：你想要如何开始？

Q：我可以重新联系视觉引导的老师，与这个圈子的人重新互动，或许会激发更多灵感帮助我动起来。

此时，Q展露出笑容，一扫迷惘的阴霾。

在这段教练对话后，Q意识到她内心深处有一个声音不断呐喊："我真的甘心让美学只停留在爱好吗？"为了不让未来10年后的自己后悔，她决心重拾对视觉引导的热情，让周末变得更加充实快乐。于是，她从原本的跟团式人生转向自助式人生思维，激励自己投入足够的精力与时间，让兴趣不再只是爱好，而是勇敢地将它发展成自己热爱的事业。

她开始设定强化"斜杠"生活的目标，利用工作之余和假日学习插花、素描及瑜伽，不断提升与美学相关的能力。

半年后，Q所在的制药厂开始裁员，幸运的是，她早在半年前就已为第二职涯做好准备，因此不必担心裁员的影响，反而能将更多的时间和精力投入到视觉引导的学习中。

尽管过程中经历了迷茫与自我怀疑，Q逐渐意识到，美学不仅是人生的点缀，更是她快乐与力量的来源。她因此渴望加速将美学和艺术发展为自己的事业，实践将美学、创意与表达为自己的人生加值，也为更多人带来价值，让她的人生无憾。

本书后面的附录《21 天自助式体验人生手账》，我也特别邀请 Q 来协助创作视觉引导部分，为这段体验之旅增添了鲜活有趣的美感。

Q 向我表示她非常感谢有这段一对一的教练过程，促使她找回遗忘已久的美学力量，并借着自我觉察和反思，重新启动了新的人生旅程，让她勇敢地迈向更好的自己。

Rhema 的故事

从生命低点找到自我价值，活出更自由的人生

使用工具：CD 测评 + 人生大数据 + 八福循环 + 一对一教练对话

Rhema 曾是我在上海卡内基的同事。由于丈夫创业需要帮手，她放弃了自己的兴趣，转而支持丈夫的事业。然而，丈夫的创业过程非常不顺利，最终不得不卖掉苏州的房子来还债。在这段低潮期，Rhema 发现丈夫隐瞒了许多事情，直到最后才得知财务状况如此严重，这让她对财务、婚姻和未来的信任与安全感彻底动摇。

面对这一切，Rhema 感到极度受挫，甚至一度考虑过离婚。然而，通过我多次的对话以及信仰力量的帮助，夫妻两人最终决定携手重新开始。她也幸运地进入一家国营企业，拥有了一份稳定的工作来支撑家庭。

我曾与 Rhema 夫妻同住一年多，其间协助并支持他们。亲眼见证他们夫妻关系重修于好，接连诞下两个女儿，生活逐渐丰盛与稳定。

教练对话的启发

2021 年 9 月，Rhema 突然收到老同学的邀请，加入其公司担任部门总监，负责行政和人才发展。尽管国企的收入不如民营企业，但工作稳定、职位不错，且能有更多时间陪伴孩子，这让她犹豫不决，迟迟未回应。后来，我们进行了一对一的教练对话，帮助 Rhema 在这个人生关键时刻找到内心的真正答案，做出不后悔的决定。

通过"人生大数据"的觉察，Rhema 发现她的生命低点中存在一个不断重复的模式：每当家庭或工作遇到困难时，她总是以他人的需求为中心，主动牺牲自己来成全他人。然而，"CD 测评"显示，她的价值观中"成就"占比极高，内心一直渴望实现自我。

我：你期望自己有成就，那会是什么样的画面？

Rhema：在工作上，我希望能够独当一面，发挥更大的影响力；在家庭中也是如此。

我：达成这样的画面，对你有什么意义？

Rhema：我可以激发自己的潜力，实现属于我的精彩人生规划。过去的经历可以帮助更多人，我也能勇敢成为中场教练，让人生不虚此行。

我：你想活出这样的美好画面，现在遇到哪些挑战？

Rhema：因为我在家庭、工作和教会中有许多角色需要扮演，不仅要投入大量时间，还得担负家中的稳定经济来源。现在，只要工作顺利、家人过得好就已经很满足了，根本没有余力去考虑自己的需求。

我：经常没时间考虑自己的需求，可能会让你错过什么？

（沉默很长一段时间后）

Rhema：如果我不花时间思考自己想要什么，也许到了 50 岁，我会更不敢跨出这一步，可能要等到退休后再说，甚至一生都无法实现属于我的精彩人生规划。

我：你会给"看重自己的重要性"打几分？

Rhema：我给自己的重要性分数不及格，因为我从来没有觉得自己很重要，也从未对谁提起过我的人生蓝图。或许，我应该鼓起勇气和先生商量一下，如果去同学的公司工作，会有什么影响？

经过一对一教练对话，Rhema 发现，过去她在做重大决策时总是以家庭为重，无论是离职支持丈夫创业，还是考虑新的工作机会，她的选择常常受到保守和限制性思维的影响。这也是她长期缺乏自信与冲劲的原因之一。

虽然协助丈夫创业失败的经验让她失去了冒险的勇气，但回顾一路走来的经历，他们一起还债、养育孩子、置产，这让她重新肯定自己在工作和家庭支持上的价值与能力。而新公司提供的职位，正是她真正感兴趣的方向。

最终，Rhema 勇敢接受了新工作的邀请，凭借她的亲和力、专业和才干，成为老板的亲信综管总监，负责组织人事和文化行政工作，这不仅开阔了她的视野，也大大提升了全家的生活质量。

Rhema 通过 ABC 解惑方程式，结合 CD 测评、八福循环和人生大数据等工具，找到了改变的信心。现在，她也参与中场教练平台，学习与强化教练技术，期待通过新的职涯影响力帮助更多迷惘的年轻人，活出更丰盛的人生。

成为自己与他人的教练

Q 和 Rhema 的故事，都是我在"中场新起点"课程中，ABC 解惑方程式的案例。通过前几章介绍的工具，帮助学员了解自己的人格优势、兴趣热情和价值观，并通过一对一的教练对话支持与陪伴，让学员觉察并梳理他们人生的盲点与重复模式，从迷惘中觉醒、强化内在力量，进而制订具体的行动步骤，突破困境，走向更好的职涯发展。

这种一对一教练对话的关键在于："有效的提问与积极的聆听""对他人充满好奇心""赢得信任并与他们一起工作"，以及"相信每个人都有潜力和能力变得更好"。

"中场新起点"的最大特色在于：通过在线和线下的互动、CD 测评及配合一系列工作坊课程，教导学员运用四季思维和 6 种人生导航工具，完成每堂课后的指定作业。课后，中场教练陪伴学员一起探讨他们关切的议题，觉察盲点与机会点，找到解决方法，并设立行动计划，活出想要成为的样子。

成功的关键在于，学员必须拥有自我突破的渴望，并保持开放、坦诚和谦卑的态度，同时愿意对自己负责，坚持不懈、自律及开放地与教练一起工作。这样学员与教练就可以成为共创双赢的好伙伴。

找到一位好教练，不仅能帮助我们加速达成目标，还能开启我们的思维与潜能。我们更希望学员养成自我觉察的习惯，成为自己的教练，也期待有一天他们能够成为他人的教练，帮助更多人一起变得更好。

"自助式人生教练对话——我想成为什么样的人"练习

1. 确认核心价值观

回顾你的"认识自我 GPS"与"八福循环",选出三个你最在乎的价值观。这将帮助你确认生命中的优先次序,并作为未来行动的指南。

2. 设计未来的 10 年

打开你的"人生大数据"作业,根据选出的价值观,思考你未来10 年想要成为什么样的人。记录下你需要采取的不同行动,以及在哪些方面需要投入更多资源,来实现这一愿景。

3. 行动计划与支持系统

找到一位教练,或是通过教练思维自我对话,回答以下三个问题,以制订具体的行动计划:

- 我现在立即可以采取的行动是什么?
- 我如何踏出行动的第一步?
- 谁可以成为我前进的支持力量?

第 14 章

生命螺旋上升力

  人生旅程的高低起伏如同日夜更替、四季轮回，这些自然现象蕴含着深刻的生命哲理。黑夜的沉淀是为了迎接白日的机遇；四季的循环则推动万物的生长与新生。我们应该聚焦于生命中的要事，以终为始，优先处理最重要的事情。同时，借鉴冬藏、春耕、夏锄、秋收的核心思维，为自助式人生的下一个 10 年做好准备。

  从人生大数据中，我们可以看到，每一次低谷，当时或许看似难以跨越，但回首往事，这些挑战往往成为下一次高峰的基石。这种螺旋上升式的思维与希腊的线性人生观截然不同。希腊式思维将人生视为一条从生到死的直线，高峰时极力维持，常付出极大代价；低谷时则迷茫焦虑，苦苦等待幸运之神降临，开始爬升。有些人甚至因长期的挫折内耗而选择躺平放弃。

犹太人的螺旋上升思维则告诉我们，每个人的生命都是独一无二的，应努力活出自己最好的剧本。**生命是一场与信仰合一的旅程，不断地螺旋上升。每一次的低点，都是为了下一次高峰而蓄势待发。**通过爱与传承，我们所拥有的资源，无论是物质的还是精神的，都能产生螺旋式的上升与倍增效应。

从以斯帖的故事来看"生命螺旋上升力"

以色列有一个庆典叫普珥节，是为了纪念波斯皇后以斯帖拯救以色列民族的节日。以斯帖的故事可以用生命的冬春夏秋螺旋上升来诠释，她的一生经历了不同阶段，每个阶段都充满了独特的挑战和成长机会。

以斯帖的逆境与低谷

以斯帖的低谷始于她的童年，作为犹太孤儿，她在异国他乡被堂兄末底改抚养。她失去了双亲，被迫离开家园，生活在不确定性和艰难中。这段时期可以视为她生命的冬藏阶段。冬藏象征着积累力量和沉潜，虽然外在环境困难，但以斯帖在末底改的支持下并不消沉，而是努力在困境中活出光彩，才有了后来成为皇后的机会。

机遇与希望

当波斯王亚哈随鲁废黜瓦实提皇后，并选择新皇后时，以斯帖的命运发生了巨变。她从一个普通的犹太孤儿成为受宠的皇后，这一阶段象征着她生命的春天，充满了机遇和希望。春天象征生命的复苏和新的开始，是她成长和绽放的最佳时期。

危机与转机

当以色列的敌人哈曼计划灭绝犹太人时，以斯帖面临巨大挑战。她需要冒险在国王面前揭露哈曼的阴谋，以拯救自己的民族。这一阶段是她生命的夏锄。最初，以斯帖因着限制性信念，认为国王很久未召见她，担心贸然见面可能会带来杀身之祸，为此犹豫不决。

然而，她的贵人末底改帮助她除去了限制性信念："焉知你得了王后的位份，不是为现今的机会吗？"这句话激发了以斯帖的信心。她在全犹太人一起禁食祷告支持下，向神求智慧和勇气，最终克服恐惧，成功揭露了阴谋。这段经历使她成长，展现了她的镇定、自信与智谋。

丰收与影响力

最终，以斯帖成功揭露哈曼的阴谋，以智慧拯救了犹太民族。这一阶段象征着她生命在秋季的丰收与影响力。她不仅保护了自己的民族，也对未来世代的以色列人产生了深远影响，印证了她生命的螺旋上升力量。

以斯帖的故事展示了生命每个阶段的螺旋上升力量，从孤儿被末底改收养，到掌握成为皇后的机会，再到勇敢抓住关键时机。末底改可以说是她生命中的"使命型"贵人，帮助她挪除恐惧，最终成为犹太人的拯救者，也成为千年来激励人心、生命螺旋上升的故事主角。

因此，犹太人非常重视普珥节的意义。每年的三天普珥节，犹太人以欢庆和感恩的方式，纪念以斯帖拯救民族的传奇故事。这股感恩力量转化为互赠礼物和周济穷人的行动，让爱的循环成为跨世代的影响力。

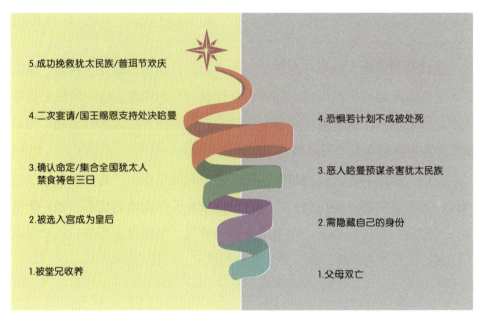

以斯帖的生命螺旋上升力

生命的螺旋上升：人生低点是为了迈向高点

在这一章中，我们将探讨第六个工具——**生命螺旋上升力**。希望借着整合前五章介绍的工具，帮助我们摆脱对未来不确定性的迷惘与焦虑，并藉由四季思维的运用，发现这些实践工具的真正力量。这一过程将引导我们设定自助式人生的下一个 10 年目标，并持续聚焦于三意人生和探索生命的北极星旅程，这正是本书的初衷。

每个阶段的生命历程都带来了独特的挑战和成长机会。从逆境的冬藏，到春耕的机遇与希望，再到夏锄的挑战与成长，最终达到秋收的成就与影响力。这个过程展现了生命的螺旋上升力，教导我们无论面临多少困难与挫折，只要能坚持、反思与勇敢，我们就能从低谷走出，迈向新的高峰。

这不仅是个人成长的表现，更能对社会和世界产生深远的影响。通过认识自我 GPS、梳理人生大数据等工具，我们会发现一个特别的奥秘：**当我们将人生大数据的历程图向左旋转，把过去置于底部，将未来放在上方，就会看到一个螺旋向上的过程。**

这使我们明白，人生的每一次重大低谷，其实都是通向高峰的起点，每一次的转折都在帮助我们的生命向上提升。如果以螺旋上升的思维来看，每个人的生命都是一个奇妙的故事，充满无限的希望，不必跟别人比较。我们应该亲自书写自己的人生故事，将每个低谷化为通向高峰的踏脚石。

Wonderful 的故事

翻转人生大数据，成就生命的螺旋上升

从卡内基退休后，我经历了许多考验，这些挑战塑造了我人生中场的旅程。我曾以为卡内基会是我职涯的巅峰与终点，但事实证明，它实际上是我成长和突破的重要历练。

尽管职涯发展曾遇到瓶颈，看似陷入低谷，却成为我找回信仰并扩展境界的转折点。我发现，每一个梦想的关键时刻，都来自那些让我感到满足且富有意义的经历；而每一次生命的重要转折，都是在"扩展境界"的指引下，让我不断走在生命螺旋上升的道路上。

起初，我以为"扩张境界"意味着必须创业成功，但当我经历创业失败的低潮时，这段挫折反而促使我重返卡内基，并为贵人黑幼龙先生创立慢养亲子教育品牌，迎来事业的第二次高峰。

随着时间的推移，我开始思考人生下半场该如何走。最终，我选择深耕"中场新起点"工作坊，帮助他人走出迷惘，为自己的人生下半场提前做准备。然而，面对众多选择与道路，我曾一度感到迷惘。幸而，对爱与

传承的热情，以及助人的使命感，推动我不断追寻、突破与开创。

疫情的到来似乎将我推入人生的低谷，但这段时期的沉淀让我回顾了过去多年的摸索，我终于明白，我已累积了丰富的教学经验与工具，帮助许多人走出了中场迷惘，迈向他们想成为的自己。原来，那看似低谷的摸索过程，其实正是在为"中场新起点"工作坊的重启铺路，成为成长的高点。

如今，我拥有了 614 人生导航工具和一支坚强的团队，再次攀上了生命的螺旋上升。我将这种螺旋向上的思维与动力，应用于未来 10 年的规划，设计出更符合自己使命和价值的未来方向。

你的人生，我在乎！——这是我的使命，我计划打造一个全球华人平台，培育出 100 位中场教练，为更多年轻人点亮未来 10 年的方向，一起改变自己的生命，勇敢走出中场迷惘。

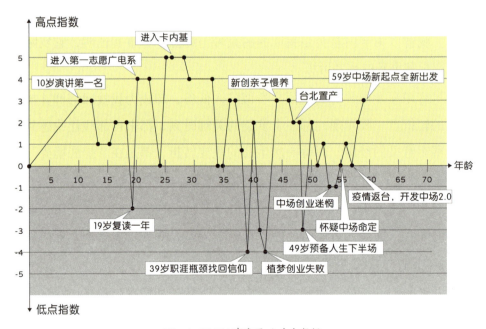

Wonderful 614 有意思 人生大数据

上页图展示了我的人生大数据。将此图向左旋转，便能重新整理生命历程的样貌，呈现（下图）中生命螺旋上升的过程。通过更清晰地理解过去，有助于我们确定未来方向，并辨识突破的关键节点，迎接挑战。

5.中场全新出发/新书/教练团队

4.提早预备人生下半场

3.重回卡内基，新创亲子慢养品牌

2.找回信仰扩张境界

1.进入卡内基培训市场

4.中场新起点摸索七年

3.中场创业迷惘及歇业

2.植梦创业失败

1.职涯管理及发展瓶颈

Wonderful 生命螺旋上升力

614 自助式人生导航工具，译码生命的螺旋上升

我想在本章中分享如何藉由梳理人生和系统思考的方法，来帮助我们设计未来的蓝图。通过 614 人生导航工具，标记并评分重要事件，我们能发现并译码生命螺旋上升的动力与奥秘。

例如，"认识自我 GPS"使我们在全面了解并接纳自己后，能将劣势转化为机会点，把优点转化为优势，最终将坚持的价值观，转化为人生使命的螺旋上升力量。

八福循环的各面向环环相扣，互相推进，使我们的人生不断攀升。同样地，当我们将人生大数据向左旋转，也能看到生命以螺旋之力不断上升，并发挥越来越大的影响力。

八福贵人树和 ABC 解惑方程式也是如此，每次沟通、倾听与分享，都是编织贵人网络，形成生命力不断上升的力量。

由此可见，每次的低谷不单是困境，更是为下一次飞跃积蓄力量的过程。每一次跌倒，都是为下一次攀登做准备；每一次挫折，都是为未来成功铺平道路。人生的螺旋上升，正是我们持续进步、扩展影响力的证明。

通过整合"614 人生导航工具"的三意人生观、四季思维与六种成长工具，我们的生命将迈向螺旋上升的新高峰。

六项成长工具在四季思维中的应用

生命低谷（冬藏）：省思、沉淀、描绘理想愿景

人生的高峰与低谷交织，每一个低谷都是重新审视自己的机会，让我们看见忽略的问题，并从中汲取宝贵的教训。即使身处低谷，也不应沮丧。通过三意人生观，以有意思、有意义、有意象的态度，转换对现况的看法，寻找潜藏在逆境中的契机，迈向人生高峰。

在低谷时，也要记得这是四季思维中的"冬藏"阶段，是积累力量的时期。我们可以通过描绘"人生大数据"和"八福循环"检测，清晰了解我们的位置与需要调整之处，确立目标，将后悔转化为前行无悔的动力。愿景的擘画，是低谷时期的指引之光，能带来希望与动力。

机会萌芽（春耕）：感恩、谦卑、播种未来

当生命出现机会时，要意识到这是"春耕"的季节。借着"认识自我GPS"，将优点转化为优势，持续学习、前进。以感恩与谦卑栽种"八福贵人树"，勇敢向贵人表达感恩。在此阶段，也要避免与他人比较，专注于做最好的自己。每一颗种子都是孕育希望的象征，最终会结出丰硕的果实。

向标杆直跑（夏锄）：除去限制性思维、恐惧与内耗

在生命的奋斗季节——"夏锄"阶段，需要意识到此时正是成长的关键。通过"ABC解惑方程式"的"一对一教练对话"，铲除内心的限制性信念与恐惧。有时候，看似卡住或原地踏步，问题并不在于能力不足，通过一对一的教练对话，有人陪伴着敏锐地觉察现况，帮助看清盲点，并最终勇敢跨越心中的障碍。这是一个锻造自我、提升能力的关键时期。

生命螺旋上升（秋收）：享受高峰的喜悦

"秋收"阶段是享受生命收获的季节。我们可以从"生命螺旋上升力"中，感受到超越自我的喜悦，迈向人生的下一个高峰。学习享受成功与接纳失败，认识到每一次成功都是自己努力的结果，每一次征服高峰都让我们更强大。感恩这些成就，为未来的挑战做好准备。

无论处于高峰还是低谷，我们都应该对每一个瞬间充满感恩。低谷教会我们谦卑与坚韧，高峰带来喜悦与成就。当我们享受在每一个当下，就会看见生命的螺旋上升，把握每一个机会，走向更广阔的天地。

生命螺旋上升之路（James Lee 摄于一起同行朝圣之路上）

从低谷中迈向崭新人生

中场学员采儿在 2020 年患上急性脊髓炎。某天晚上沐浴后，她突然无法站起来。经过多次检查，确诊为免疫系统问题。她在医院住了一年多，对人生感到无比失望。

在她生病期间，丈夫为了照顾她和养家，不得不把孩子寄放在台北岳母家。回到老旧公寓后，由于行动不便，采儿被困在家中，心中充满负面情绪与缺乏安全感，经常抱怨命运，甚至多次萌生轻生的念头。

2021 年，一位几十年不见的学员，带我和师母去医院探访她的侄女采儿。当时，采儿告诉我们："因为我走不了，现在什么都不能做，活着有什么用？"

盘点优势、恢复自信、重建希望

在与采儿的互动中，我看到她内心的焦虑和失望，以及她的限制性思维。于是，我鼓励她参加"中场新起点"工作坊，并每周载她上下课。这段艰辛的复健和突破之路，她看见有人重视她、关爱她，这让她也愿意付出行动，每周克服困难从老旧公寓准时赴约上课。

在这期间，她学会以更积极的角度看待自己，并运用课程中学到的工具，从CD测评开始，盘点自己的优势和兴趣、价值观。在我的一路陪伴与对话中，她不断发掘自己的价值，逐渐恢复了自信。

我一路鼓励她走出困境，甚至特意带她到圆山大饭店的秘境咖啡用餐散心。希望藉由精心营造的仪式感氛围与远眺美景，帮助她重新燃起对未来的希望与愿景。我鼓励她重返保险业，与丈夫一同打拼。尽管行动不便，但她的亲和力、耐心，以及人生中的磨难，尤其是她突如其来的生病经历，都能成为她在风险管理领域的最佳见证，将过去的挫折转化为从事保险业的优势与新机会。

离开圆山大饭店的大堂时，我看到采儿使用助步器时，每一步都走得更加坚定有力，眼中闪耀着信心的光芒。她感动地说："好久没看到这样的风景了，我会认真考虑和先生一起从事风险理财顾问工作。唯有勇敢走出去，前面的路才会为我打开。"

因为心态的转变，采儿开始重新审视自己的人生。她利用"人生大数据"工具了解到，童年时期父亲生病及父母离婚对她造成的创伤，使她在生活中充满不安全感，这些负面情绪也延续到她和先生的婚姻与亲子教育观念上的分歧，导致他们夫妻有很大分歧，造成她的"八福循环"严重失调，陷入恶性循环。她明白，改变必须从自己的心态开始，并决心不再让过去的恐惧、创伤与行动的限制来定义她的未来。

除去限制性思维、克服挑战、努力耕耘

通过"ABC解惑方程式"的一对一教练对话，采儿看见自己的独特优点，并努力将亲和力、耐性和值得信任变为优势，不断肯定自己，增强信心。她逐渐摆脱很多限制性信念，勇敢重新回到保险业。

"虽然脚不能自由行走，但我的思维及梦想可以起飞"，采儿在思维极大转变后，展现了生命的韧性。她通过努力复健，从绝望中逐渐走出，为自己设立短期计划，一步步稳健经营。她利用亲身经历和夫妻共同建立的"八福贵人树"，作为经营保经团队的起步优势。在许多友人与贵人的支持下，她的业绩不断增长。

生命螺旋上升，迎来丰收的季节

经过一段时间的努力，采儿与丈夫运用"中场新起点"工作坊所学，携手重启"八福循环"的平衡，并在信仰中找到新的力量，夫妻关系更加和谐。采儿回忆当时躺在病床上，心中充满对他人行动自如的嫉妒与对周围人的抱怨，但如今，她学会了感恩，重新找回生活的目标与动力。

他们搬出老旧公寓，租了一间更舒适、有电梯的住所，这笔额外支出成为他们事业打拼的动力。夫妻同心协力，专注于团队业绩的提升。两年后，他们的业绩不止超越了过往，还成为该区域业绩竞赛的第三名。2025年底，还将接受公司款待，免费前往意大利旅游，对他们来说一切如同梦境。

现在，他们积极培训伙伴，扩展高绩效的团队，并努力存钱，计划购买自己的房子，让一家三口生活更为安定舒适，给儿子一个真正温暖的家。

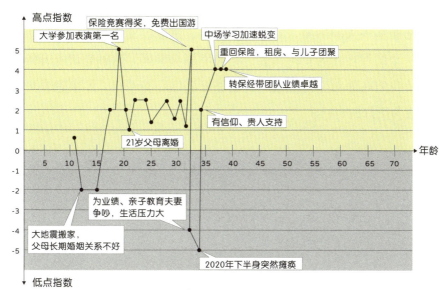

采儿的人生大数据

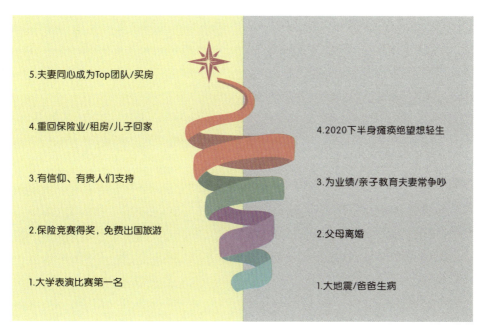

采儿的生命螺旋上升力

采儿的故事充分体现了生命与信仰螺旋上升的精髓。她的经历告诉我们，无论面临多大的困境，只要坚持不懈、愿意改变、积极面对困难，就能将每一个低谷转化为新的机会，走向幸福与丰盛。这种螺旋上升的思维方式，使我们在面对生命挑战时，能够充满信心与希望，不断追求更高的目标，成为更好的自己。

"生命螺旋上升力"练习

1. 生命大数据翻转

- **列出你的人生大数据**：将过去的经历、成就、挑战与
  转折点统整出来。

- **向左翻转**：将这些数据视觉化成螺旋图形，从中看
  见你如何通过每一次的经历，逐步达成生命的螺旋
  上升。

2. 设计你的未来 10 年

根据目前状况，设计你未来的四季变化，描绘出你的生命成长
曲线。

- **冬藏：理想自己**

定义你理想的自己，清楚描绘未来 10 年后的自我形象。

- **春耕：资源与自我盘点**

回顾并盘点你的优势、经验与人生大数据，并对生命中好与不好
的部分都心怀感恩。与贵人分享你的现状，获得支持。

- **夏锄：突破限制**

借着教练对话或深度自我反思，去除内心的限制性信念与恐惧，
为未来 10 年铺路。

- **秋收：设计未来**

制订具体计划，明确行动步骤，逐步实现你设计中的理想未来，
发挥生命的最大影响力。

这样的练习不仅能帮助你回顾过去的成长轨迹，还能以积极的态
度设计未来的道路，让生命保持在螺旋上升的轨道上。

第 15 章

一个信念——坚持去爱

　　某一个休假日，我在清晨醒来后走进客厅，看到母亲坐在沙发上，她温暖地对我微笑着说："女儿，我要送你一双隐形的翅膀，让你能够在世界中自由飞翔。"她希望我不要为她担心，说她会过得很好。

　　当时我愣了一下，后来才知道她很喜欢《隐形的翅膀》这首歌，正在练习，并想借此表达对我的爱。

　　于是我问她："妈妈，那你最想做什么事呢？"

　　她笑着回答："我这么老了，哪里也去不了了。"

　　其实，我和弟弟早已陪妈妈游历了许多国家。我开玩笑说："那么我也送您一双翅膀，让我们再飞远一点。"

那年，我带着82岁的妈妈去新疆自助式旅行。在广阔美丽的大草原上，我们一起唱着《隐形的翅膀》，并拍摄了一部纪录片，记录我们母女之间的爱。

谢谢妈妈送我一双爱的隐形翅膀（摄于北疆赛里木湖）

从小，妈妈的生活非常艰苦。她和姐姐被送去当童养媳，辗转来到第三个养父家后，最终定居台湾。后来，她与父亲结婚，但生活依然困难。我们成长的环境并不好，妈妈不得不四处借钱、打工。尽管如此，妈妈从未抱怨过，总是以积极乐观的心态养育我们。

即便面对工厂倒闭、无法领到薪水等困难，她也从不向我们透露任何难过。妈妈始终支持我们成长，并在爸爸临终时细心照顾他。她用一生的爱养育孩子、无怨无悔照顾爸爸，这种坚持去爱的精神深深影响了我。

在妈妈的影响下，我也决心将这份爱延续到我的生活中。我开始关怀朋友、家人，甚至照顾我的学生们和我的"Wonderful family"20多位干儿女及其父母、子女等百人阵容。因为这份坚持去爱的信念——"你的人生，我在乎！"，我愿意在每一位亲友迷茫或困惑时，送他们一双隐形的翅膀，陪伴他们如鹰展翅翱翔，活出最好的自己。

在低潮中找回自信

　　Andrew 是我的干儿子，在他生命最受挫折的时刻，我有幸陪伴他渡过难关。这段陪伴他的成长旅程，让我更加坚信爱的力量能改变命运。

　　最初，我是在上海认识了 Andrew 的妈妈 Elaine 及哥哥。随后，由于工作的关系，他们一家搬到了杜拜。六年后，我到杜拜探访 Elaine 时，却发现 Andrew 完全变了模样。这个原本对未来充满憧憬的青少年，如今眼神几乎失去光芒，整天如同慵懒的熊猫一般躺在沙发上，一动也不动。这与我最初认识的他截然不同。

　　后来我才得知，他曾遭遇一次重大受骗的打击，加上父亲的猝逝，使他陷入了深深的忧郁与自责中。他不仅对自己失去信心，甚至想放弃学业，紧紧封闭自我，觉得人生没有盼头。我深知他需要帮助，于是提议他跟随我回台湾，希望能在熟悉的环境中帮助他重拾信心。

　　回到台湾后，我像对待自己的孩子一样对待 Andrew。我明白，仅物质上的支持是不够的，我需要用爱去唤醒他内心的力量。起初，Andrew 对我的安排半信半疑，因他不相信自己可以改变，依然沉浸在负面情绪中，对未来充满恐惧。

　　我为他精心安排了 17 天的蜕变之旅。首先，他很喜欢宠物，我带他学习制作宠物点心，从清洗食材到制作，每一个环节都亲自参与。第二天，在直播中展示点心成果时，他的脸上首次露出了开朗的笑容，看到自己的小成就，他心想或许以后可以在杜拜开一家宠物点心专卖店，对未来开始有所期待。

　　我还邀请来自屏东的一对牧师夫妻及两位年轻人来我家聚餐，并介绍

Andrew 与他们认识。当 Andrew 拿着手机照片介绍杜拜，提到帆船酒店时，他幽默地说："你们不觉得帆船酒店从某个角度来看，很像蟑螂的肚子吗？"引得大家哄堂大笑。聚会后，我告诉 Andrew："刚刚与大家交谈证明'CD测评'的精确度，你真的不是内向的人，你只是比较被动，但你很会与人交流，而且有幽默感。"这段话非常激励 Andrew。

在我的鼓励之下，他主动去屏东住了两天，与这群年轻人聚会交流，并在教会做义工。一位辅导告诉他："你是个独特的人，上天为你安排了独特的盔甲，勇敢跨出去，他会与你同在。"

此外，Andrew 还参加了我的另一门课程——"中场五力"工作坊，认真地完成《21 天自助式体验人生手账》的练习[①]。他重新审视自己的价值，并鼓起勇气去做那些曾经害怕的事。渐渐地，他变得开朗有笑容，意识到自己的人生仍充满可能性。他甚至也常常笑着说，他要从一只慵懒的熊猫，蜕变为有力量的北极熊。这趟台湾之旅让他找到了新的生活目标，从失去自信与自我否定的困境中走出，2025 的 5 月他前往旧金山取得大学毕业证书，让他的人生体悟从不可能化为可能，开启了人生蜕变的重要篇章。

Jack 和 Sally 的故事

坚持去爱就能赢回关系

我的干儿子 Jack 原本是成大医科的博士候选人，聪颖过人，学业成绩一向名列前茅。然而，追求卓越的他企图在一年内完成四年的博士课程，巨大的压力使他的身心不堪重负。在一次意外的车祸后，他被诊断出患有躁郁症，这让他的梦想瞬间破碎，陷入深深的绝望。不得不放弃学业的他

---

① 参考附录。

转而进入职场。

尽管 Jack 努力投递了百封简历，但因病历的缘故，他屡遭拒绝。在这段艰难时期，我始终陪伴在他身边，不断给予鼓励与支持。后来，Jack 得到了日商的赏识，并且充分发挥了能力，业绩一路攀升，成为公司中的潜力新人。他的优异表现使他在业界备受关注，随后又被美商药厂挖走，事业节节高升。最终，他跨足丹麦奶品公司做营销，并被派驻到北京。在那里，他遇见了一生的挚爱——Sally。

然而，不同于事业的成功，Jack 与父亲的关系因误解而逐渐恶化，长达一年多的冷战让父子之间的联系彻底断绝。我深知亲情的重要，于是鼓励 Jack 趁着过年回家，修复这段关系。然而，Jack 却误解了我的良苦用心，认为我未能体会他的痛苦，甚至写了两次长信，表达对我的提议的抗拒与不满，并警告我若再继续劝说，便要与我断绝来往。

尽管如此，我并没有因此放弃去爱我的干儿子。我依然无怨无悔地关心 Jack 的生活，甚至在他胸口闷痛、血压飙升至 200mmHg 时，立刻陪他挂急诊，守护在他身边直到深夜。我的付出也感动了 Sally，她提醒 Jack：“如果干妈对你没有真挚的爱，是无法这样无怨无悔地对待你的。”

疫情期间，我继续努力促成 Jack 与父亲的和解。我先与 Jack 的母亲和妹妹沟通，希望她们能一起劝说 Jack 的父亲软化态度，并欢迎 Jack 全家回家过年。同时，我也鼓励 Sally 在旁支持 Jack，让他感受到家人的期盼。经过一个月的精心安排，打点好所有关系后，我终于促成了一场在线的家庭聚会。在那次聚会中，尽管外面风雨交加，但 Jack 一家人的心却在爱的浇灌下冰释前嫌，Jack 与父亲的关系开始慢慢修复。

这些年来，Jack 事业蒸蒸日上，家庭也更加稳固。他常常感恩这段生命转变的过程，感激有我一直以来的陪伴与鼓励。

除了关心 Jack，我也积极帮助 Sally 发展她的职涯。我发现她具有敏锐的观察力和行动力，于是鼓励她成为一名全方位测评顾问，并共同学习教练技巧。如今，Sally 已经成为一位优秀的教练，每年为来自十几个国家的百位客户提供服务，2024 年成为 Influence digest+ 评选为上海 Top 15 教练之一，也是我中场初创平台的最佳推手。

这段故事，不仅见证了坚持去爱的力量，也证明了爱的力量能够修复、促进成长和创造无价的回忆。

在陪伴 20 多位干儿女成长的过程中，我深刻体会到年轻人在成长关键时刻，极需有人以接纳与爱来成全和支持他们。他们大多数的成就与突破已远远超越了我，这也是我向他们学习的地方。坚持的爱如同血液的良性循环，使我们的生命更具力量。

爱的传递，改变世界

在我的生命中，爱的传递始终是一股强大的力量。我的母亲是我最早的爱的榜样。她的一生充满艰辛和挑战，但她从未向困境屈服。无论生活多么艰难，她始终用坚定的爱心和正向的态度支撑着家庭。她教会我，爱是无条件的，无论遭遇什么，都要坚持去爱。

我的恩师黑幼龙，在我成年后，帮助我将这份爱扩展到更广阔的世界。他不仅教导我专业知识，更重要的是，他教会我如何用爱心来肯定、激励他人，并带领团队。他的鼓励让我明白，爱的力量不仅在于付出，更在于如何通过爱来接纳和改变他人的生命。

在我生命中，还有许多坚持去爱的榜样。例如，冲绳白之家教会的主任牧师，她坚信爱是改变生命的力量。无论多么困难，她都选择坚持去爱，并以爱为优先。她多年来致力于帮助当地的弱势群体，从贫困家庭到孤儿、孤独的老人，她用爱心和关怀陪伴他们，让他们感受到生命的温暖。因为这份爱，一间小教会 10 年成长 10 倍，成为目前有成员 1300 名的大教会，爱的传递从未停止。

这些榜样吸引着我，也吸引了一群中场志同道合的朋友们，如 Rosa、Max、Linda 等。他们同样愿意一起关心年轻人，成为中场教练，帮助那些陷入沮丧和迷惘中的年轻人勇敢站立向前走。

让爱成为生活的核心

我在这本书中分享了很多人的生命故事，让我们看到坚持去爱并不容易，但它能为自己与他人的生命带来深远的影响。在支持学员和陪伴干儿女的过程中，我总结了以下三个步骤，帮助我们"坚持去爱"。

1. 爱自己，发现自身的价值

爱自己是爱他人的第一步。只有学会爱自己，我们才能无条件地爱他人，而不依赖外界的评价来获得自我认同。通过爱自己，我们能更好地发挥自身潜力，并将这份爱传递给他人。

2. 接纳和饶恕自己与他人

同时，也要学会接纳和饶恕自己。只有懂得接纳自己优缺点的人，才能真正接纳和饶恕他人。这样的爱能帮助我们在人生的各个领域建立深厚的关系，并带来内心的平静与满足。

3. 爱他人，让爱的能量源源不断

当我们学会爱自己，就能将这份爱延续给他人。坚持去爱，不仅帮助他人找到生活的意义，也让爱的力量不断循环，使世界变得更加美好。

1717：一起坚持去爱，一起传递爱

在疫情期间、事业暂停之际，我深刻体会到，个人的力量是有限的。

正是在这段沉淀和沮丧的时刻，我看到了自己人生不一样的计划。

起点

在我整理资产、搬回高雄、买房子、陪伴母亲抗癌、散步、旅行时，我经常会看到车辆的车牌上出现"1717"这个数字。就是不论在哪里，我们都要一起。

例如，我曾见过"ADD-1717""ASK-1717""ANS-1717""YU-1717""1717-ME""AMN-1717"等将近百辆车，似乎全台湾的1717车牌都在我眼前出现了。甚至在日本冲绳的白之家教会门口，我也看见了"1717"的车牌。有意思的是今年4月在上海也看见一部AK-1717，AK（A Key）似乎提醒我带着将这本书成为一把探索生命的钥匙即将开启新旅程。

于是，我开始记录看到的"1717"车牌，这成为我生命旅程中非常有意思的一部分。每次看见"1717"，我都会停下脚步，反思生命现状，进行有意义的生命探寻。

当我看到"1717"车牌的车辆经过时，我会以"有意思"的角度来理解，

"1717"也可以象征"有意义"，我可以了解我的现况，并帮助自己扩展境界、无论我身在何处、心中有何焦虑或想要寻求如何突破。此外，"1717"还代表"有意象"的爱与传承，鼓励了我两代传承，去帮助那些正在经历人生转折的人，以及更多年轻人走出迷惘，走向这趟有意思、有意义、有意象的旅程。

每一次"1717"的出现，让我决心扩大爱的力量，借着建立中场教练平台，邀请更多人一起传递爱，一起坚持去爱，让这股爱的力量倍增，影响更多生命。

使命宣言：共建爱的平台

多年来，我在陪伴学员和干儿女们的"坚持去爱"中，深刻体会到个人时间的有限性。然而，如果我能扩展这个爱的平台，建立一个充满爱的大家族，宣告**"你的人生，我在乎！"**，就能创造一个充满神迹的爱的网络。

因此，我为自己设定了 Wonderful 人生使命："打造一个全球华人的平台，培养 100 位中场教练，帮助更多年轻人找到未来 10 年的方向。"这 100 位教练将有能力帮助成千上万的年轻人，在迷惘中找到出路，为他们的生命加值。

我也希望通过这个平台，培养更多讲师，帮助全球 25 岁以上的青年成为领袖，实现有意思、有意义、有意象的三意人生。这将是一个充满爱的平台，让爱的力量得以传递，让我们一起坚持去爱，改变更多生命。

邀请你：一起坚持去爱，一起传递爱

亲爱的朋友，坚持去爱是一股强大的力量，它引导我们在人生的每一段旅程中找到意义与方向。无论我们身处何地，面临何种挑战，只要坚持去爱，我们就能发现属于自己的宝藏与使命。

人生并非一帆风顺，当自助式人生遇到瓶颈时，或许会进入低谷，或需调整前行方向。但唯有"坚持去爱"才能成为我们追寻梦想的最大原动力。

正如美国总统肯尼迪所言："人终将一死，国家会兴衰，但理念将永存。"（A man may die, nations may rise and fall, but an idea lives on.）理念的力量超越了个人与国家的存亡兴衰，能永远存在并影响世界。

我邀请你将"坚持去爱"和"传递爱"作为你一生的重要理念。加入我们，一起坚持去爱，成为彼此生命中的贵人，为他人生命加值，共同打造一个614 有意思充满爱的世界。

你愿意加入我们，一起坚持去爱吗？

结 语

　　我最近体验了"共享发廊"的剪发过程，对这种新兴产业模式感到相当惊讶。一走进发廊，映入眼帘的是一个充满创意与自由的空间，每位美发师拥有独立的工作区，但整体氛围却充满协作感。他们自主管理顾客，展现各自的专业技术，让人能接触到多样化的美发风格与技巧。

　　在这样的环境中，我感受到一种"自助式人生"的启示。这些美发师不再依赖某个雇主或固定模式，而是以自主经营的方式追求个人成长与成就。他们为自己设定目标、管理时间，并通过技术和口碑实现自身价值。这不仅是技术的展示，更是对人生的掌控与责任。

　　这些美发师不仅技艺精湛，还充满热情，珍惜每次与顾客的互动。他们的成功源自专业技术与对工作的热爱，还有对顾客的真诚付出。

　　这次经历让我深刻体会到，无论是自主经营还是生活中的每个选择，有效管理工作与生活，并坚持热爱所做的每一件事，非常重要。

　　这次体验让我思考，现代社会的许多领域其实都可以借鉴"共享"与"自主"相结合的模式。我们每个人都可以像这些美发师一样，运用专业技能与创意，结合"614人生导航工具"，提升效能与影响力，自主规划有意义的工作节奏与更充实的生活，这也是"自助式人生"不断前进的目标。

　　"共享发廊"的经验启发我，我们应以"自助式人生"的心态面对未来。不论是生涯规划还是日常安排，留些空白去思考与探索，我们都能成为自己人生的设计师，创造独特的道路。在这条路上，与信仰、教练和贵人们携手，勇敢面对中场的重大决定与突破，让我们1717一起前行，在三意人生的旅程中，找到属于我们的北极星。

不再迷惘，找到自己命定之路（摄于法国比利牛斯山——朝圣之路起点）

特别致谢

这本书的完成历经 20 年，实属不易。我想借此机会，向所有支持和陪伴我实现梦想的人，表达最诚挚的谢意。

首先，我要特别感谢幕后采访写作整理的最佳伙伴谢宜汝。即使定居加拿大，时差并未阻碍我们的合作，她常常与我彻夜奋斗，自己也积极体验"中场工具"，并惊讶于它们也帮助了她和丈夫都走出移民生活的迷惘，亲身感受了中场工作坊的威力，先生 Eric 也将成为中场教练，这使得她的文字更加情感丰富、说服力更强。我们彼此都从中受益良多。

在写作过程中，我们还发现了一个奇妙的巧合——宜汝小学四年级以前也曾叫作德芳，与我的名字相同。没想到，这本书促成了大德芳与小德芳的远距相遇，仿佛是命运奇妙的安排，串联起两位有共同信仰与价值观的人，一齐完成了这趟奇妙之旅！

我要特别感谢台湾格子外面文化出版社的主编建维。他常以读者视角，逻辑清晰、条理分明地引导我们，确保文章的层次分明和精简，使这本工具书更具完整性与流畅性。他参加过两次中场工作坊的经历，这使他挪去许多工作及人际交流的限制性信念。这本书也成为他在出版社工作20年最有意义的礼物。没有他的专业及体验，这本书无法如此顺利产出。在台湾一个月销售2000本堪称出版的一件美事。

特别感谢上海的Morning姊，她出钱出力一直鼓励我传递中场的价值勇敢向前，在共同信仰中不断被鼓励至今。Morning姊推荐建维上课后，他成为中场工作坊的美好见证者，也成为《人生的觉醒》新书的最佳代言人，我对Morning姊和建维这份支持之情深表感谢。

感谢我的家人们，在我忙碌时无怨无悔地提供爱与三餐，让我精神与物质都得到满足。也感谢一群海峡两岸共同信仰的资深长辈，支持我的三意人生愿景并给予信心与支持力量。

我要特别感谢幕后啦啦队Jenny、Sheena及Elaine三位国际级CEO，成为我的最佳智囊团，以及全球中场运营顾问Rosa、Jack及Max和20多位中场教练及同工们，付出行动不计代价投入时间，成全《人生的觉醒》的愿景。

感谢20多位干儿女、Wonderful Family、海峡两岸卡内基团队成员，以及所有分享生命蜕变故事的学员们，他们才是这本书的灵魂人物。此外，感谢Q与Linda合作完成的《21天自助式体验人生手帐》，这本书是属于我们大家的共同创作。

最后，我要感谢为本书写序的尊敬前辈——华文卡内基之父黑幼龙、奥美营销传播集团前董事长白崇亮，TCL集团前副总裁许芳及优势星球发起人及Momself创始人崔璀，你们的支持与鼓励让这本书更加丰富有力。

最深的感谢是自己一直保守这份初心，让我坚持助人的热情。因着爱与传承的信念，我要祝福全球累代青年华人，从年轻人到壮年时代，通过"614 人生导航工具"领受从播种到丰收的大福。你的人生，我在乎！爱里没有惧怕，让我们一起活出充满期待的三意人生吧！

21 天自助式体验人生手账使用说明

《21 天自助式体验人生手账》旨在帮助我们探索自我、设定目标，并促进个人成长。以下是手账的使用说明：

1. 每日反思：每天都有一个主题，鼓励我们思考自己的目标。例如"Day 1"，请思考自助式人生与跟团式人生的区别，并写下过往经验。

2. 设定目标：鼓励运用书中的四季思维、614 人生导航工具，思考 21 天后想要达成的目标，希望获得的改变、如何奖励自己及运用优点达成目标。

3. 行动计划：根据目标，制订具体的行动计划。包括列出每日行程、需要增加的好习惯，确保我们能持续向前迈进。

4. 资源利用：思考还有哪些资源可以帮助我们达成目标，例如自我教练、书籍、影片或支持小组。

5. 持续反思与调整：在这 21 天中，定期反思自己的进展，并根据需要调整计划。21 天后，也可以为自己的未来规划短、中、长期成长目标。

6. 庆祝成就：21 天结束后，可以与朋友分享成果。或是回顾这段旅程，总结最有意义的收获，并给自己一个奖励，庆祝努力和成长。

通过 21 天的练习，我们将能更清晰地认识自己、勇敢追求梦想，并在生活中找到更多的意义与快乐。

21 天自助式体验人生手账

Day 1：什么是自助式人生？什么是跟团式人生？你怎么认为？

_____

_____

Day 2：如果开启一段 21 天的自助式人生，你想要到达的"目的地"是什么？到达这个"目的地"时，你会有什么样的改变？

_____

_____

Day 3：在开启这段改变的旅程时，旅程、旅伴、目的地，哪个对你来说是最重要的，为什么？

_____

_____

Day 4：当到达目的地时，你会如何奖励自己？试着将这 4 天的思考，分享给一位家人或朋友吧！

_____

_____

Day 5：你如何理解书中冬藏、春耕、夏锄、秋收的四季思维？（请
关联前面"设定 21 天的目的地"）

_____

_____

_____

Day 6：反思你过往的人
生，现在的你最想运用哪
个"季节思维"并尝试做
出不同以往的行动突破？

_____

_____

_____

Day 7：从今天开始，你可以多做、少做或停止什么，以便让自己
更明确地知道是在朝着目的地前进？

_____

_____

_____

Day 8：你每天能坚持到达目的地的动力来源是什么？

_____

_____

Day 9：列出自己的三个优点并写下你是在什么情况中发现这些优点的。

_____

_____

_____

Day 10：如何运用优点、热情或成功经验，让自己更顺利抵达目的地？

_____

_____

_____

Day 11：除了自己，请写下 1~3 个资源，可以帮助你更好到达目的地，并思考如何有效地用这些资源。

_____

_____

_____

Day 12：有哪些思维上的自我设限，正在减少你前进的热情或者阻碍你的行动？

_____

_____

Day 13："你的"限制性思维"如何转化为"成长型思维"？写下你的理解，并分享行动计划给一位亲友。

_____

_____

Day 14：完成了两周的"自助式人生纪录"后，你会想要如何奖励自己？

_____

_____

Day 15：今天，你阅读的书籍或观看的影片或与他人的交流中，对你的"自助式人生"有什么新启发？试着写 50 字描述。

_____

_____

_____

Day 16：你最近的状态和过去有什么不同？有哪些有趣的发现？可以与一位家人或朋友交流并回馈。

_____

_____

_____

Day 17：来一场"自我教练"对话吧！这令为止，在 21 天自助式人生体验中，你最成功的一个行动是什么？

_____

_____

_____

Day 18：找 1~2 位朋友，分享你的自你教练成果，并具体表达对他们耐心聆听及提问的感谢。

_____

_____

Day 19：想象 10 年后的你站在面前，她会如何鼓励现在的你，并给出一个建议？

_____

_____

_____

Day 20：想象你已经走到人生旅程终点的那一刻。那么，现在的你可以多做什么，让自己感到幸福和满足？

_____

_____

_____

Day 21：经过 21 天的觉察、行动和记录，你最有意义的一个收获是什么？

_____

_____

_____

10 years